簡約幾何風

黑線刺繡
圖案集

BLACK WORK
一針一線建構出美麗的幾何世界

mifu／著　許倩珮／譯

前言

在英國的Royal School of Needlework學習黑線刺繡的時候，我發現進行示範的老師的指尖，以不可思議的方式順暢地移動著。於是我向老師詢問是否有什麼規則，但老師只是簡單地回答了一句「沒有」。的確，老師在刺繡的時候，無論是運針方向或是從哪裡開始都沒有一定的規則。應該是根據自己的經驗及想法來刺繡的吧。

我也一樣，每次在動手製作新作品時，都會多方嘗試並從錯誤中找出更好的刺繡方法。本書中所介紹的刺繡方法就是我基於過去的經驗，根據以下的重點挑選出來的：1.以順暢的運針流程讓刺繡變簡單，2.容易了解，3.針腳線條不易歪斜、能夠簡單地繡出優美整齊的形狀，4.在其他的花樣上也能簡單地運用。

不過，本書中所示範的刺繡方法未必就是最好的方法。事實上，我自己也經常為了讓作品更加端正而配合織目的大小、繡線的粗細或是設計來改變刺繡方法。有時甚至會用到更複雜的刺繡方法。今後或許還會發現更好的刺繡方法也說不定。

希望大家能夠在本書的刺繡方法的提示之下，自由地體驗黑線刺繡的樂趣。

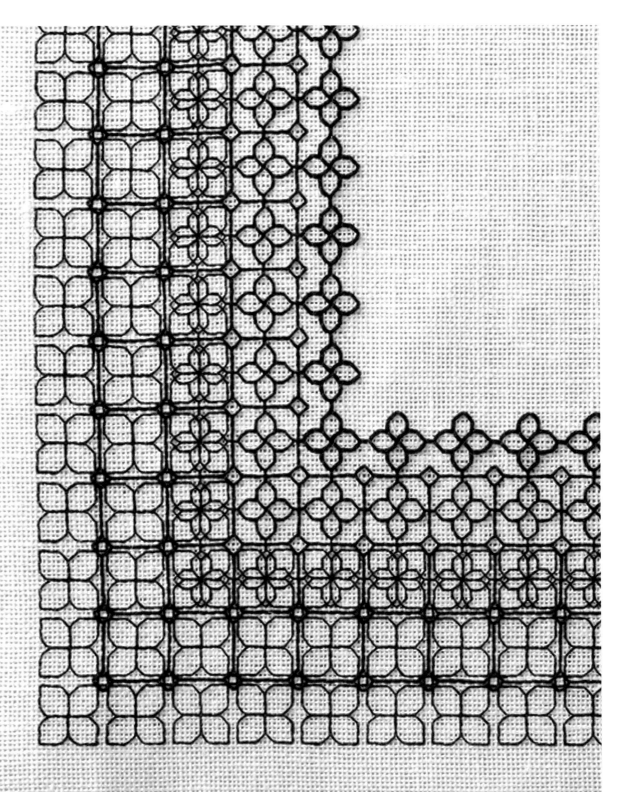

Tea Mat

 Contents

Stitch Note
刺繡方法解說

A > P.30 | B > P.32

C > P.34 | D > P.36

E > P.38 | F > P.40

G > P.42 | H > P.44

I > P.46   J > P.48

K > P.50   L > P.52

M > P.54

※P.6～9是在28ct的亞麻布上用25號繡線1股來刺繡。圖片幾乎等同於實際尺寸。

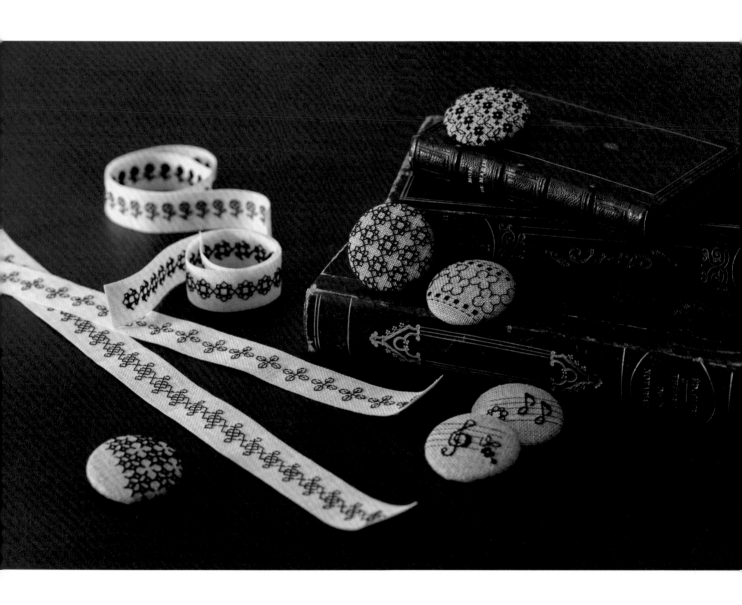

Buttons & Ribbons（參考作品）

Buttons_43mm / 28ct / 機縫刺繡線、25號繡線、Coton à Broder #25
Ribbons_22mm / 28ct / 25號繡線

Cosmetic Pouch > P.75

100 × 150 × 50mm / 28ct / 25號繡線、Coton à Broder #20

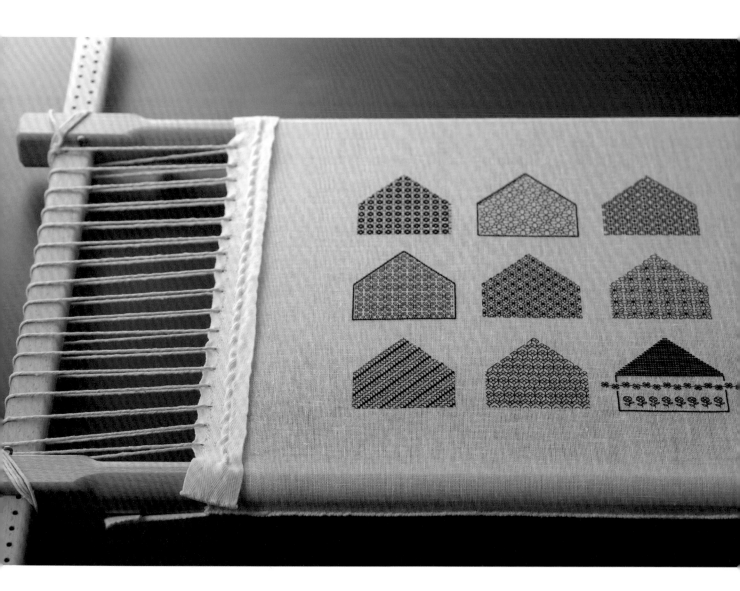

House Silhouette Sampler > P.72

350 × 350mm / 28ct / 25號繡線

Lily & Tulip Silhouette Sampler > P.73

275 × 160mm / 28ct / 25號繡線、Coton à Broder #16, #20, #25

Cushions > P.74

430 × 430mm / 28ct / 25號繡線、Coton à Broder #16, #25

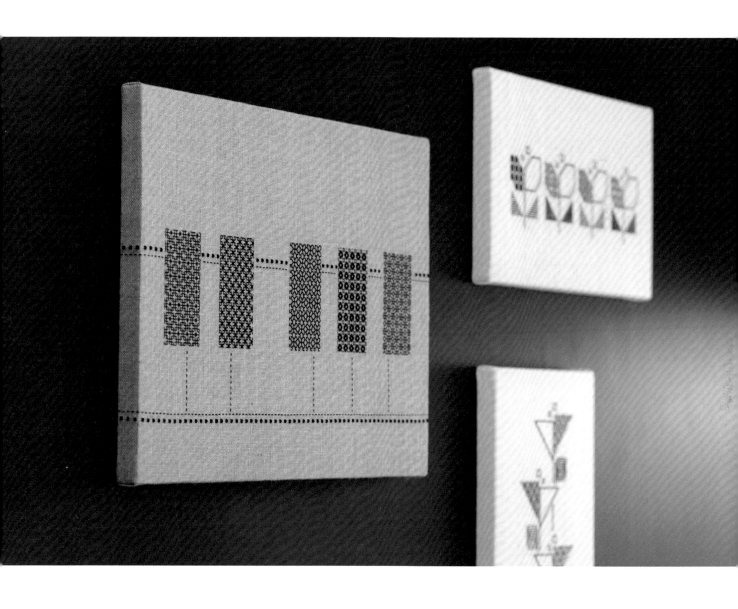

Piano Silhouette Sampler（参考作品）

245 × 335mm / 28ct / 25號繡線、Coton à Broder #25
参考_BASIC PATTERN A（P.30）/ B（P.32）/ E（P.38）/ F（P.40）/ H（P.44）

N > P.62

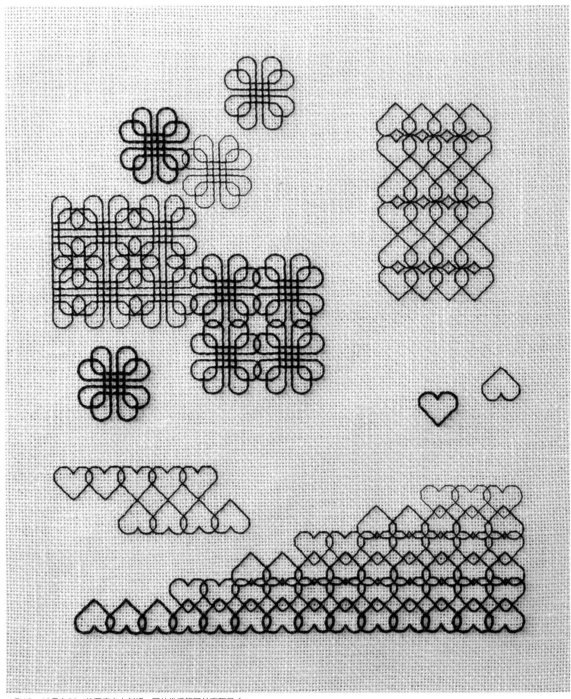

※P.16～19是在28ct的亞麻布上刺繡。圖片幾乎等同於實際尺寸。

O > P.63

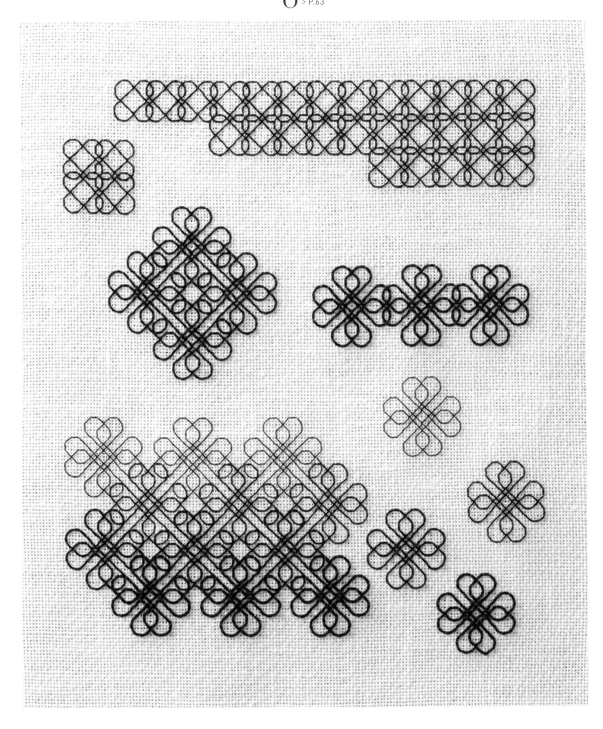

P > P.64

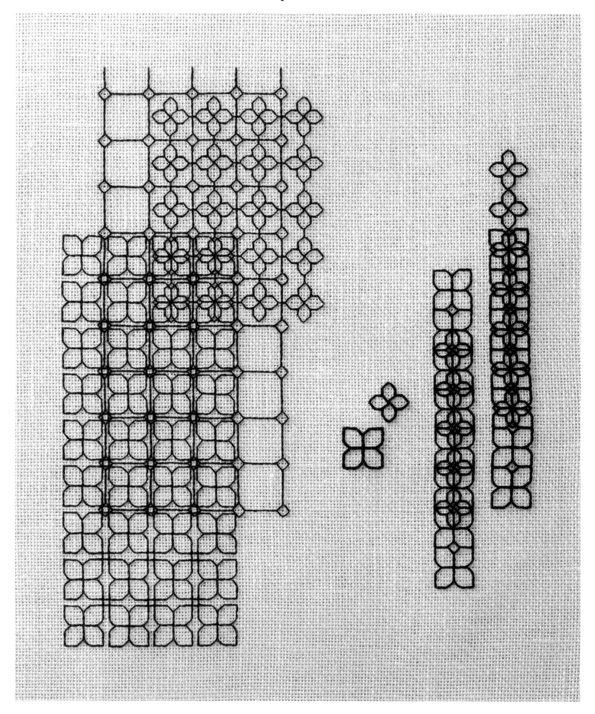

Q > P.65

Tote Bag > P.76

310 × 260 × 120mm / 28ct / 25號繡線、Coton à Broder #20

Tea Mats > P.78

250 × 360mm / 25ct / 機縫刺繡線、25號繡線、Coton à Broder #16, #25

R > P.66

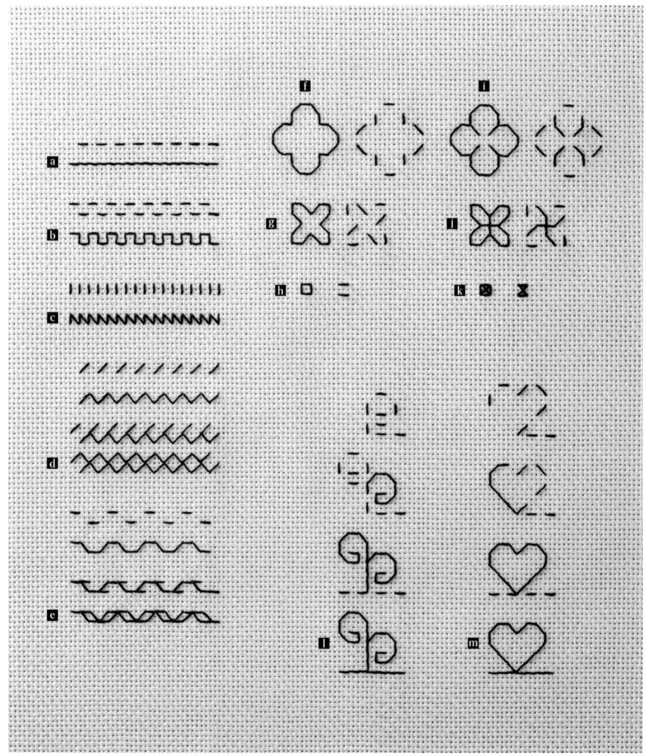

※P.22～25是在18ct的棉布上用Coton à Broder #25來刺繡。圖片是將實際尺寸縮小為93%。

R > P.66

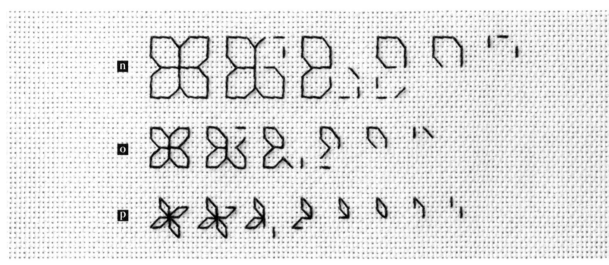

S > P.68

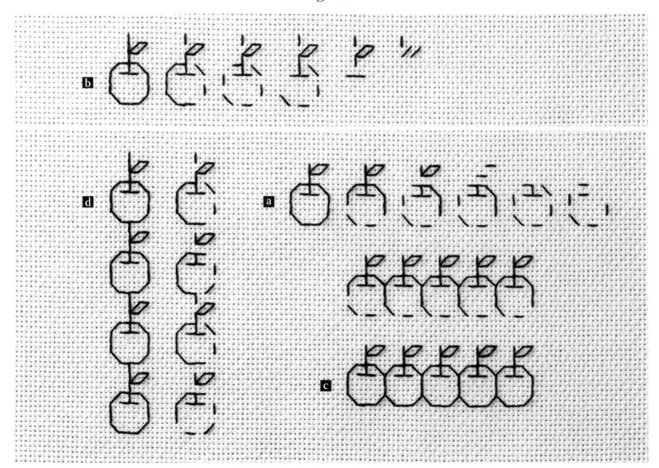

T > P.69

f和g是橫跨P.24～25兩頁，從開始到完成為止的刺繡過程。

T > P.69

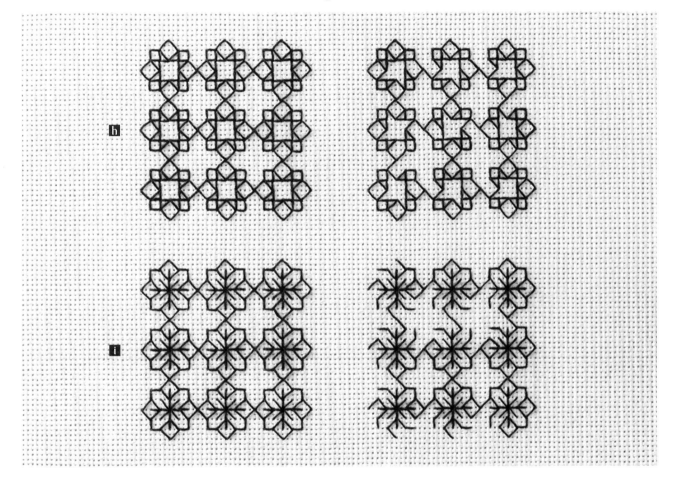

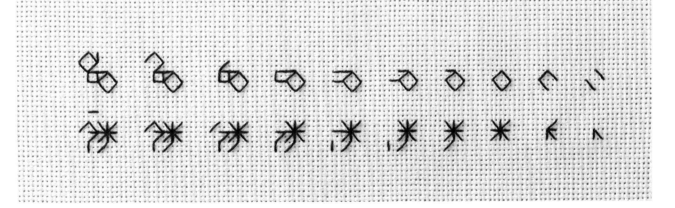

Materials & Tools
材料與道具

■ 繡布

使用平織的繡布。ct＝count（格），代表的是1英吋（2.54cm）的範圍中所包含的織線數量。數字越大、織目網格就越小。容易混亂的雙面繡等建議使用格數小一點的繡布。

使用的繡布有以下幾種：

- Zweigart
  Linen　28ct, 25ct：白色（Col. 100 White）
  　　　　　25ct：亞麻色（Col. 053 Raw Linen）
  Cotton　18ct：白色（Col. 1 White）
- DMC LINEN
  28ct：白色（B5200）

■ 繡線

使用的都是黑色（310）。

- DMC Coton à Broder #16, 20, 25
- DMC 25號繡線
- DMC Machine Embroidery Thread size 50weight（機縫刺繡線）
  ※以車縫線替代的情況最好使用90號線。

■ 刺繡針

使用的是一般市售的十字繡專用的鈍頭針。

- 十字繡針（Tapestry Needle）No.26, 24, 22

■ 裡布

用薄薄的灰色布料作為裡襯或內襯的話，背面渡線會比較不明顯，同時也能把織目襯托得更加美觀。

〈 其他的材料及道具 〉

- 珠針
  數格子的時候用來作記號。

- 色線
  刺繡之前，用來在中心線或刺繡範圍作記號。建議挑選水藍、粉紅等淺色系的線來使用。

- 彎針
  有的話，在背面收尾藏線時會很方便。

- 刺繡框&繡架
  附支架的刺繡框在使用時可雙手並用，避免視角偏離，非常方便。

基本的技巧

開始刺繡之前

[1] 2種針法及圖紙的看法

基本上只需使用**BS**（Back Stitch＝回針繡）和**RS**（Running Stitch＝平針繡）2種。複雜的幾何花樣也可反覆地用這2種針法來完成。

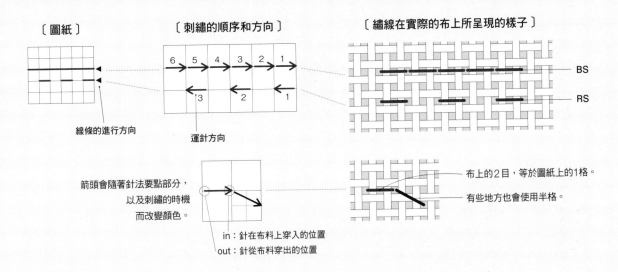

〔圖紙〕　〔刺繡的順序和方向〕　〔繡線在實際的布上所呈現的樣子〕

線條的進行方向

運針方向

箭頭會隨著針法要點部分，
以及刺繡的時機
而改變顏色。

in：針在布料上穿入的位置
out：針從布料穿出的位置

布上的2目，等於圖紙上的1格。

有些地方也會使用半格。

[2] BS和RS的差異

直線用BS‧RS來繡都無所謂，雖然在圖紙上看起來都一樣，但呈現出來的效果卻是不同的。

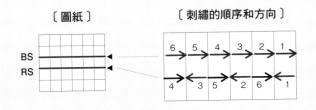

〔圖紙〕　〔刺繡的順序和方向〕

BS
RS

BS：針腳線條不易歪斜，正面看起來整齊美觀，但背面渡線較多。針腳線條富有立體感，可展現出可愛的印象。

RS：能夠繡出表裡一致的花樣。可用較少的繡線來完成作品。容易受到繡線之間的干擾或受到織目影響，針腳線條容易歪斜。由於針腳線條是平面的，所以用來刺繡虛線的話會比較俐落。

[3] 起針與收針

【起針】
‧從不阻礙到針腳的位置入針，在布的正面留下8cm左右的線端，開始刺繡。
‧線端的留放位置，最好是在之後會有針腳壓過或縫份等不會留下明顯痕跡的地方。

【接線】
‧把刺繡中的剩餘繡線，從不會造成阻礙之處的布的正面穿出，利用和起針相同的要領來添加新線。
‧在直線的延續位置或針腳線條集中的地方接線的話，會比較容易收尾。

【收尾】
‧刺繡完畢之後，把留在布的正面的線穿到背面，在背面的渡線上纏繞幾圈以防鬆脫。

27

事前須知

1 織目和拉線方向的關係

平織布根據紗線的重疊方式不同而有2種織目。
若能養成總是穿入同樣織目的習慣，就能繡出漂亮的作品，格子也比較容易數。
本書中的刺繡方法圖所介紹的都是盡可能不讓織目受影響的方法，不過在●處入針的情況還是比較不易歪斜，形狀也更加整齊。

〔在●織目穿入的情況〕

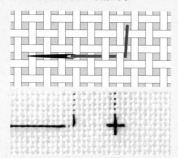

就算往左側把線拉成直角，針腳也不會滑動。向左旋轉來刺繡的話，可繡出漂亮的十字。

〔在▲織目穿入的情況〕

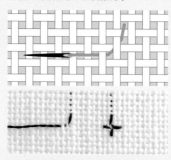

往左側把線拉成直角時，線會滑入布料的經紗之間。向左旋轉來刺繡的話，十字的中心會歪掉。

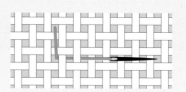

▲織目並無不同，只要逆向旋轉來刺繡的話，還是能繡出漂亮的花樣。

2 繡出漂亮作品的運針方法

按部就班地刺繡卻無法繡出漂亮形狀的情況，不妨留意一下以下的幾個重點。

■ 保持張力一致

刺繡每一針時，都要以同樣的力道來拉線。
尤其是立刻返回同一位置的情況或是（參照圖1）線的集中部分，因為很容易被先前繡好的線影響到而使得張力鬆緊不一，所以要小心留意。
線的集中部分要做in才會整齊美觀（參照圖2）。難以全部做in的情況，就盡量在最後的一針做in。

■ 別讓繡線分叉

小心別把先前繡好的線叉開。
用RS來回繡出直線時，特別有注意的必要。在回路上要以跨過去路的線的感覺斜斜地運針。傾斜的方向要保持一致（參照圖3）。

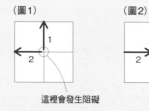

（圖1）　　（圖2）

這裡會發生阻礙　　in

（圖3）

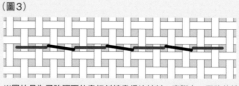

※圖片是為了強調而故意把斜線畫得比較斜，實際上，回路的線也會大致排列成一直線。

在黑線刺繡當中，有時也會為了把花樣的周圍框起來或是作為強調，而使用輪廓繡或鎖鍊繡等針法。以RS針法來回刺繡的方法，一般是稱作雙平針繡（別名：雙虛線繡），在本書中為了盡量簡化讓大家容易了解，所以只使用BS和RS這2種針法，雙平針繡也以RS來表現。

Stitch Note

刺繡方法解說

A

see > P.6

把縱線和橫線加以組合

這是最基本的思考方式。很多花樣都是像這樣利用縱向來回和橫
向來回刺繡而成。

由於是單純線條的重複，因此要小心別弄錯刺繡的位置。為了防
止失誤，也可以在一開始時先繡出一排的橫向針腳。

1 由下往上進行

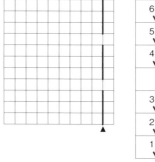

2 由上往下進行

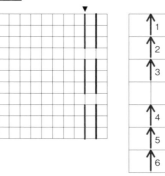

3 重複 **1**～**2**

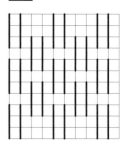

4 由左往右進行

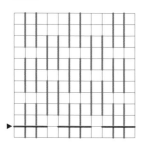

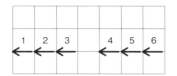

5 由右往左進行，
在中途加入十字

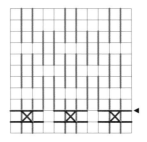

把十字省略掉，或是改變縱線和橫線的交錯位置，就會變成不同的花樣。

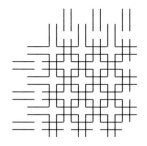  

6 重複**4**～**5**

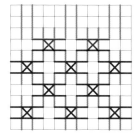

7 完成

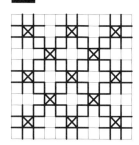

刺繡十字的時間點和其中的差異

帶框十字會因為刺繡十字的時間點而改變形狀。十字先繡的話看來比較大，後繡的話看起來比較小，而且會給人中間一團黑的印象。這裡示範的是十字後繡的方法。該選擇哪個方法可依照喜好或因應設計來決定，但順序一定要統一才行。形狀整齊一致，成品才會美觀。P.55 **c** 的花樣是採用十字先繡的方法。

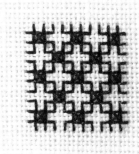 

〈十字先繡〉　　　　〈十字後繡〉

B

see > P.6

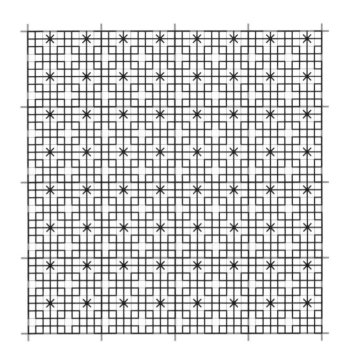

以2縱行為單位來刺繡直線

這是把2縱行的直線當作一個單位來刺繡的方法。和PATTERN A（P.30）所示的刺繡成一直線的方法比較起來或許有點容易歪斜，但同一橫列的線與線的間距較遠的情況，還是建議像這樣採用2縱行一起刺繡的方法。優點是背面的渡線較不明顯，數格子時也比較輕鬆。只要規則地呈Z字形前進，並在背面拉線時保持力道均衡，幾乎就看不出歪斜了。

1 由下往上進行

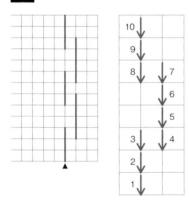

2 由上往下進行

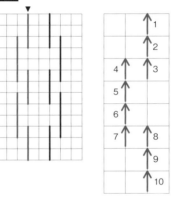

3 重複**1**～**2**

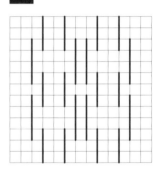

4 和**1**～**2**同樣地
由左往右進行

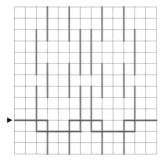

5 和**1**～**2**同樣地
由右往左進行

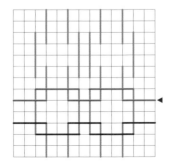

6 重複**4**～**5**

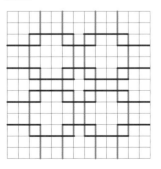

7 由下往上
用BS繡出直線

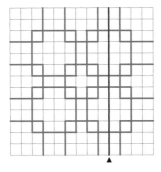

8 由上往下
用BS繡出直線

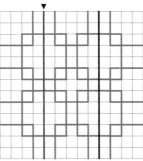

9 重複**7**～**8**

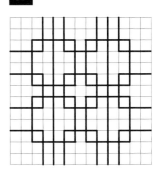

10 由左往右進行，
在中途加入十字

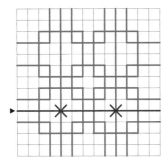

11 由右往左進行，
在中途加入十字

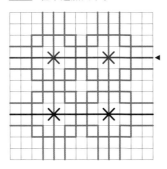

12 重複**10**～**11**

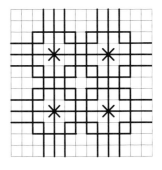

10

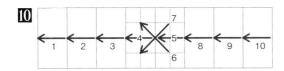

11

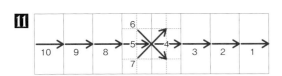

直線和十字的刺繡方法

如**10**、**11**所示筆直進行到5為止，然後在4、5之間疊上十字。讓背面渡線呈銳角交叉的話，繡出來的十字會更加鮮明立體。

C

see > P.6

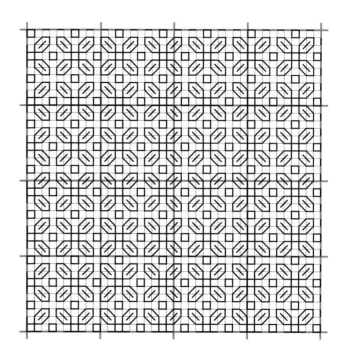

以非對稱方式分割出上下左右

在分割方面也有各式各樣的考量。即使是上下左右對稱的花樣，
也可以藉由非對稱分割的方式讓花樣變得更容易繡。
以這個花樣來說，斜線最好是連續刺繡下去才會整齊劃一，所以
在 **6**、**7** 時要一口氣繡好。在鑽研分割的方法時，要配合花樣的
特性來下工夫。

1 由下往上進行

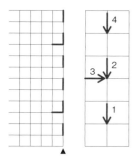

2 由上往下進行

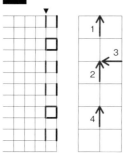

3 由下往上進行

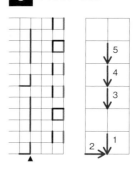

4 由上往下進行

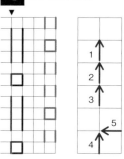

5 重複 **1**～**4**

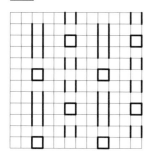

6 由左往右進行

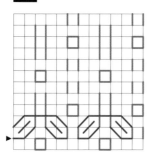

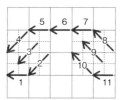

7 由右往左進行

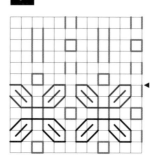

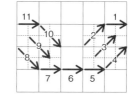

8 重複 **6**～**7**

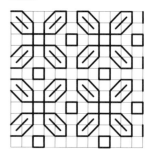

將BASIC PATTERN運用在作品之中

基本花樣會因為在哪個地方把花樣切掉而產生出不同的氛圍。在本書中，因為每個花樣都沒有固定的印象，所以要盡量在上下左右非對稱的位置以80目×80目的範圍來切割，這點要好好記住。在運用花樣的時候，除了挑選哪個花樣之外，要使用哪個部分，以及線的粗細等等也要列入考量，才能做出喜愛的設計。

〔 以基本花樣填滿設計範圍的方法 〕

1. 在布上用消失筆，或是用線（平針繡）畫出範圍，在當中繡上花樣（圖1）

這是任何設計都能使用的一般性方法。畫出範圍的時候，要留意布料是否歪斜。如同本書刊載作品般的直線型圖形的情況，比起用筆畫，用線框住的方式不會有布紋偏移的問題，刺繡起來更漂亮。

色線要使用水藍等淺色系的線，以免纖維殘留的痕跡太過明顯。把拉線的力道稍微放鬆，粗略地縫上一圈即可，如此一來在刺繡花樣時若覺得礙事的話，就可把線移到旁邊，非常方便。

（圖1）

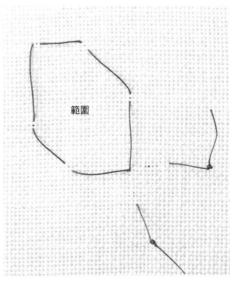

範圍

2. 把花樣的圖紙用紙膠帶貼出想要刺繡的形狀，再依照貼好的圖紙來刺繡

大型的設計或是需要變更部分花樣的設計並不適用，如果是以單一花樣填滿小型面積的情況，這個方法就可以事先了解花樣在哪個位置會呈現出什麼模樣，能夠依照想法來完成設計。另外，和畫在布上不同，因為是在圖紙上（紙的上面）決定設計，所以即使是小一點的複雜的形狀，也比較能夠做出漂亮的邊緣線條。

※為了盡量讓邊緣的線條看起來平順一點，可視需要用半針（1目繡出1個針腳）或拉開針腳間距的方式來刺繡。

BASIC PATTERN

D

see > P.6

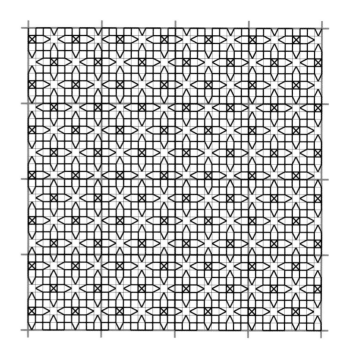

先把作為基準的部分繡好

把容易辨識、可以當作記號的部分先繡好的話，接下來的針腳位置就能輕易找到，刺繡起來也會更加順暢。

以這個花樣來說是 **1**～**3** 的十字。因為是每3格重複一次的簡單花樣，所以非常適合當作記號。

1 由下往上進行

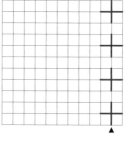

2 由上往下進行

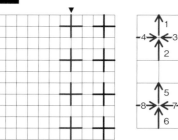

3 重複 **1**～**2**

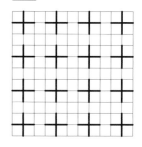

4 由下往上進行，
在1和5使用半格

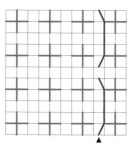

5 由上往下進行，
在1和5使用半格

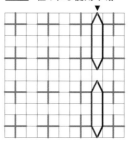

6 重複 **4**～**5**

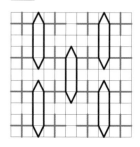

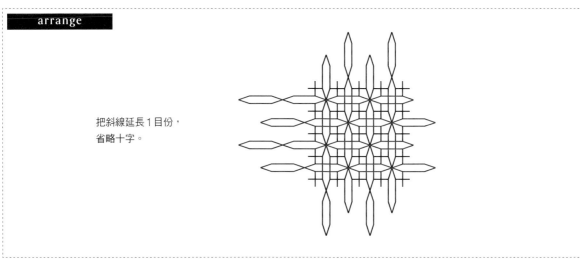

把斜線延長1目份，
省略十字。

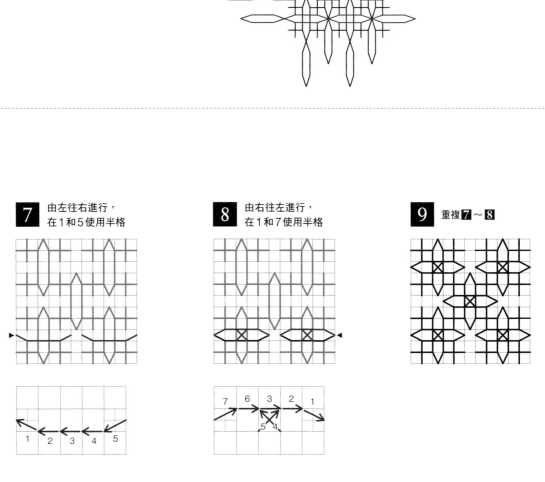

7 由左往右進行，
在1和5使用半格

8 由右往左進行，
在1和7使用半格

9 重複 **7** ～ **8**

BASIC PATTERN

see > P.7

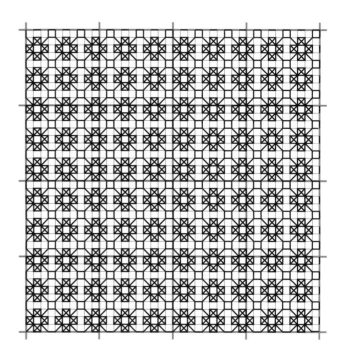

呈Z字形進行來繡出縱線和斜線

帶框十字（在四邊被框住的1格當中加入十字的圖案）的花朵是特徵所在，但底部是P.39 **arrange** 左側的八角形花樣。由縱線和斜線組合而成的Z字結構在很多的花樣中都看得到。這裡的Z字結構的刺繡方法，因為背面渡線的拉力均衡而不易歪斜，變成稜角不太分明的波浪線。用這個方法來刺繡八角形花樣的話，就會變成帶有圓弧的形狀。

1 由下往上進行

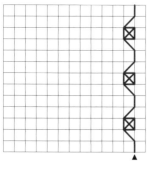

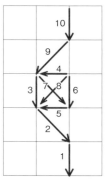

2 由上往下進行

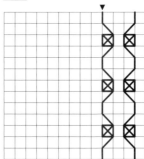

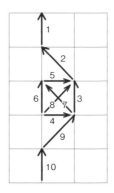

3 重複**1**～**2**

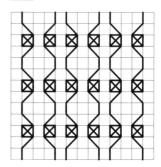

38

arrange

需要在八角形當中加入 ✳ 等的時候，
可在刺繡橫線左右來回的中途，
找個適當的時機點加進去。

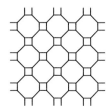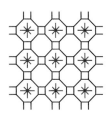

4 由左往右進行

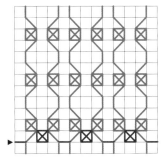

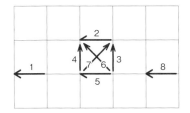

5 由右往左進行

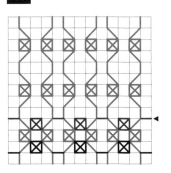

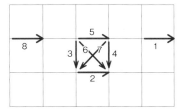

6 重複**4**～**5**

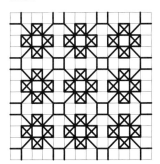

BASIC PATTERN

F

see > P.7

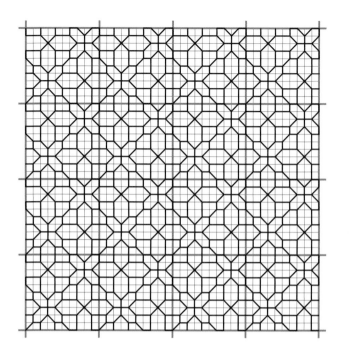

把中心是十字的形狀加以分割

由2種像花一樣的圖形緊密排列而成的馬賽克狀花樣，若是拘泥
於某個形狀的話會很難繡，也容易失去整體的平衡。像這樣的花
樣要加以分割才好處理。即使經過分割，中心的十字也不會產生
歪斜，能夠繡得工整漂亮的重點就在於 **1** 的第9針的方向。以
中心為in的方式在這裡改變運針方向，和下一個針腳呈銳角連接
起來。

1 由下往上進行

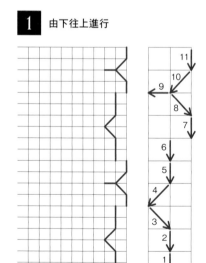

2 由上往下進行

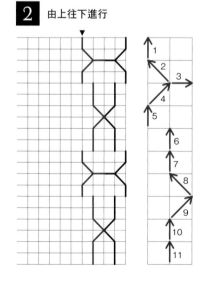

3 重複 **1**～**2**

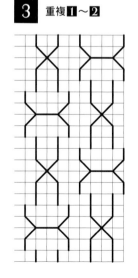

40

4 由左往右進行

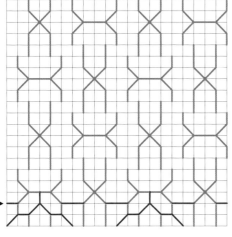

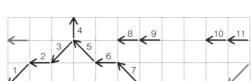

5 由右往左進行

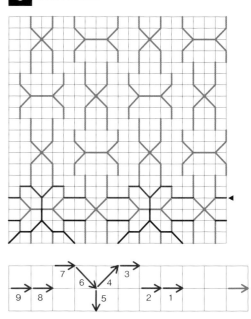

6 重複 **4**～**5**

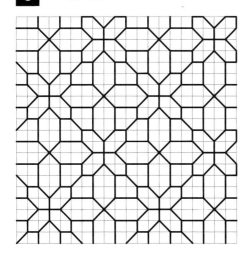

arrange

整齊排好，省略某些部分。

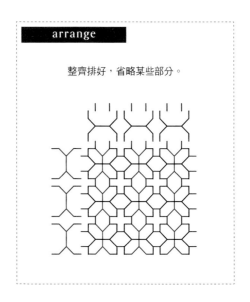

G

see > P.7

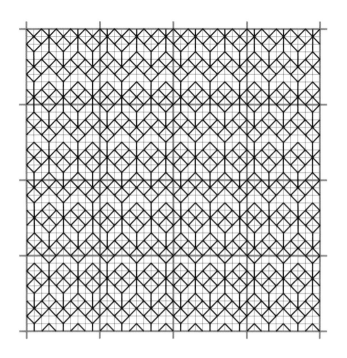

把鋸齒線條組合起來

斜向的針腳比縱向或橫向的1個針腳來得長，而且因為是斜斜跨
過布的織線的關係，所以容易有歪斜的傾向，但只要歪斜的方向
一致，整體看來就不會太過突兀。菱形排列的花樣，與其一個一
個繡出菱形，不如把鋸齒線條組合起來，這樣的方法繡起來不只
漂亮，也毫無偏差。

1 由左往右進行

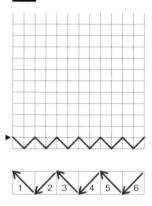

2 由右往左進行

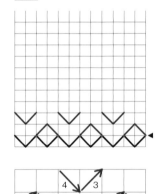

3 和**1**同樣地
由左往右進行

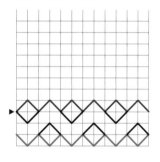

4 和**1**同樣地
由右往左進行

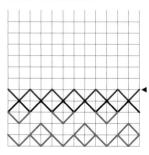

5 和**2**同樣地
由左往右進行

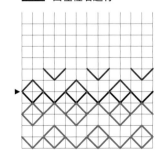

6 和**1**同樣地
由右往左進行

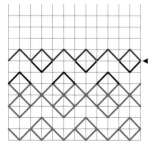

改變跳過的格子的鋸齒線條的
位置。

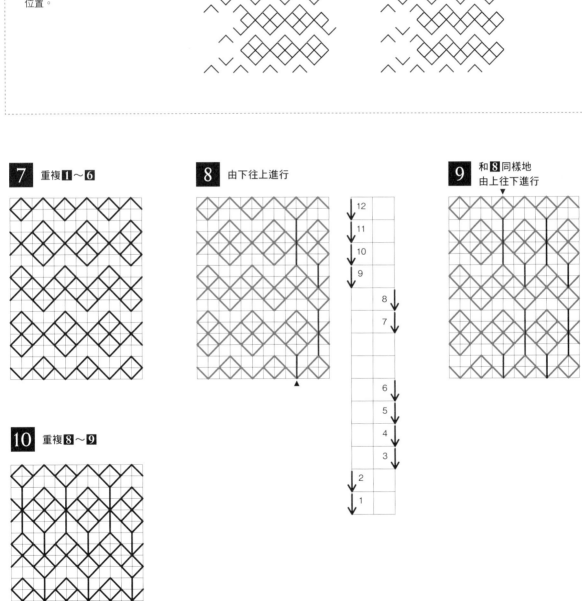

7 重複**1**～**6**

8 由下往上進行

9 和**8**同樣地
由上往下進行

10 重複**8**～**9**

BASIC PATTERN

H

see > P.7

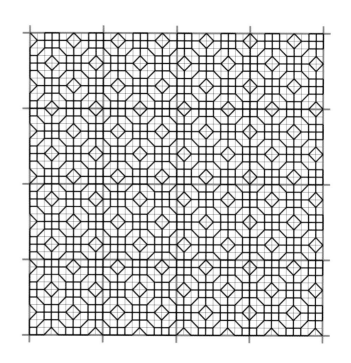

分成2種花樣來刺繡

乍看之下很複雜的花樣，只要分成2個部分來刺繡的話就會容易
許多。在刺繡看似複雜的花樣時，首先要了解花樣的構造，這點
非常重要。能夠了解構造的話，自然而然就可以在刺繡的方法上
下工夫。試著把視野拉遠來看花樣，看看當中是否隱藏著熟悉的
形狀。應該可以看出構造才對。

1 由下往上進行

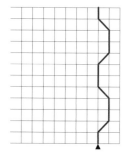 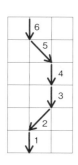

2 由上往下進行

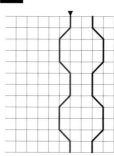

3 重複**1**～**2**

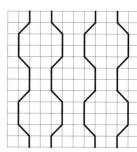

4 由左往右進行

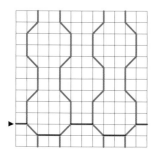

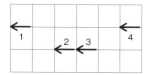

5 由右往左進行

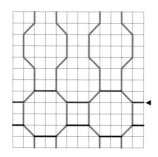

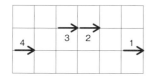

6 重複**4**～**5**

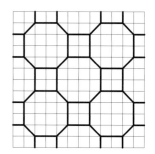

只是換了線而已，看起來就像是不同的花樣。使用粗細不同的線來刺繡的情況，最好先用細線來繡。

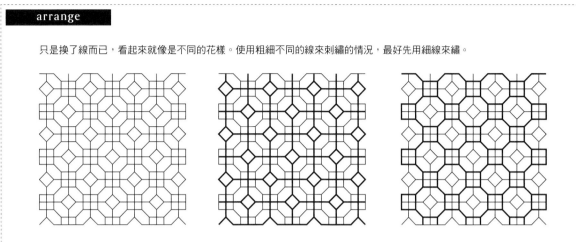

7 由下往上進行　　　　**8** 由上往下進行　　　　**9** 重複**7**～**8**

10 由左往右進行　　　　**11** 由右往左進行　　　　**12** 重複**10**～**11**

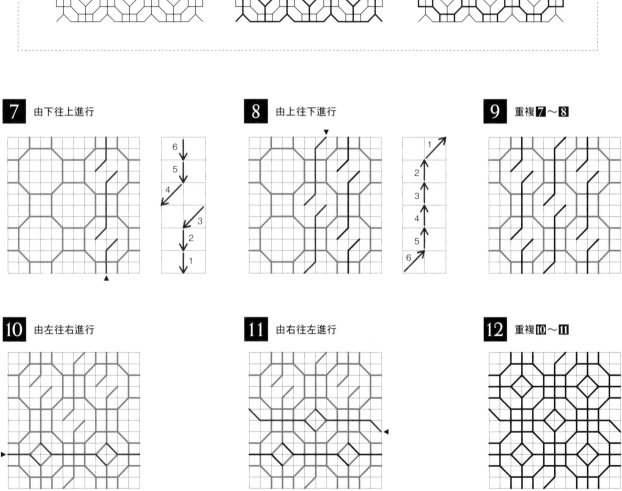

see > P.8

邊完成形狀邊上下進行

就精細的花樣來說，比起一個一個的單獨形狀，整體平衡的良好
與否對於成果的影響更大。大型圖案會以各自不同的形狀來吸引
看的人的注意力，因此不過度分割的方法有時候也可以繡得很漂
亮。要同時考量到刺繡的容易度和形狀的一致性，再採取最能保
持平衡的刺繡方法。

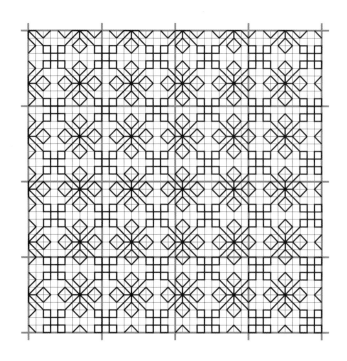

1 由下往上進行

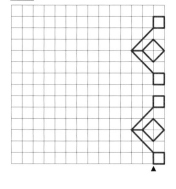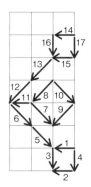

2 由上往下進行

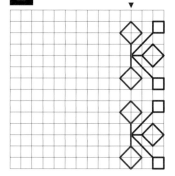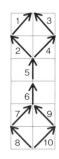

3 由下往上進行

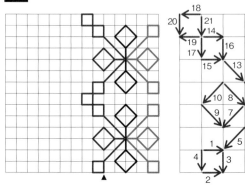

4 由上往下進行

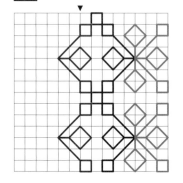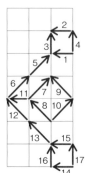

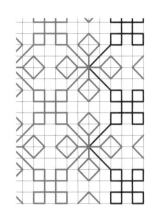

arrange

想要把邊端的5個正方形
連接起來一次繡好的話，
只要如圖片所示用BS
刺繡一圈即可。

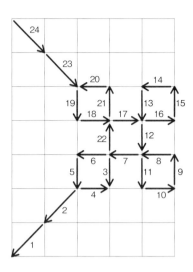

more

從斜線連接出去的四方形，
要從斜線的延長線上的轉角開始繡，
才能把四方形和斜線繡得端正漂亮。

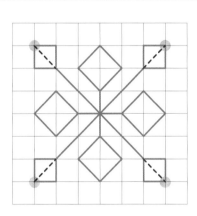

5 由下往上進行

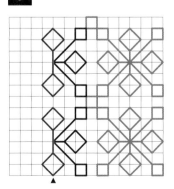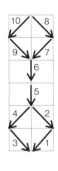

6 由上往下進行

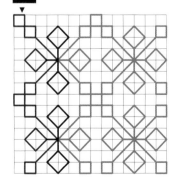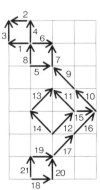

BASIC PATTERN

J

see > P.8

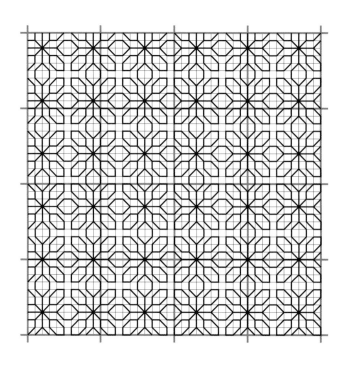

邊完成形狀邊上下左右進行

和PATTERN I（P.46）一樣，邊把形狀一個個完成邊進行刺繡。
六角形用BS繡一圈的話通常是會回到起點，若要像這個花樣一樣
邊完成形狀邊向前推進的話，就不能用BS繡一圈，而必須採取先
繡好右側再回過頭來繡左側，以分別刺繡的方法才能順利前進。
這個方法的優點是背面渡線的拉力均衡，形狀也相當整齊。

1 由下往上進行

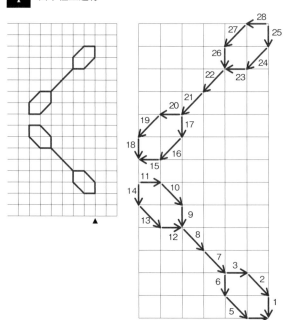

2 由上往下進行。重複**1**～**2**

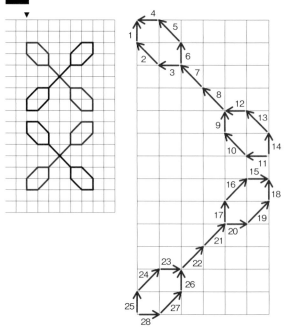

3 由下往上進行

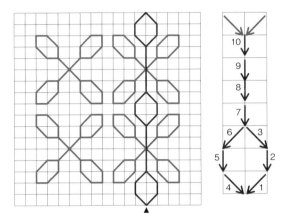

4 由上往下進行。重複**3**～**4**

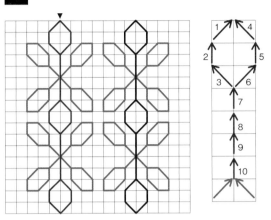

5 由左往右進行

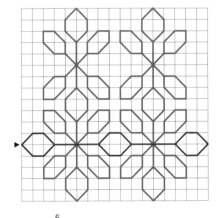

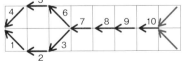

6 由右往左進行

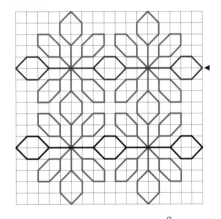

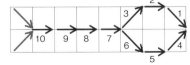

7 重複**5**～**6**

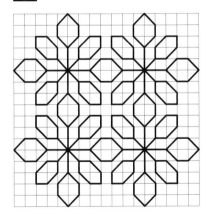

K

see > P.8

斜向來回（單向）

像這樣的花樣，斜向進行的方法不只容易了解，繡起來也比較順暢。但只有單向的斜向來回容易造成布料歪斜，所以要注意拉線力道的控制。這裡示範的是能讓角度形成漂亮直角的刺繡方法。這個刺繡方法會稍微依賴到拉線方向和布紋的關係。想要往左上方進行的情況，請將書本擺成橫向來看刺繡方法的圖。或是把布轉成橫向來刺繡也行。

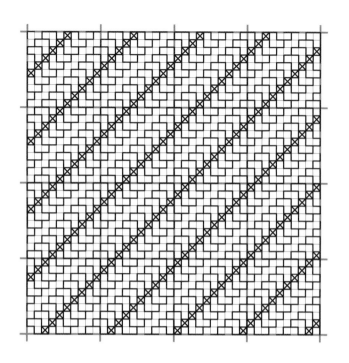

1 由左下往右上進行

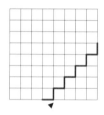 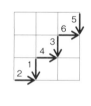

2 由右上往左下進行

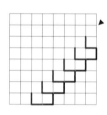

3 由左下往右上進行

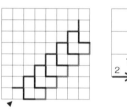 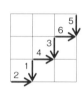

4 由右上往左下進行

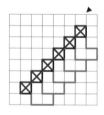 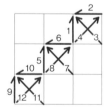

5 由左下往右上進行

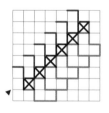

6 由右上往左下進行

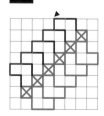

7 重複 **1**～**6**

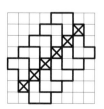

刺繡方法所造成的效果差異

每一針都變換方向的階梯狀針腳很容易受到布紋的影響，而且是會隨著如何進行刺繡（如何拉動背面渡線）而使得呈現效果有所差異的圖形之一。

把圖形練熟了之後，不妨多加嘗試，找出能呈現最喜歡的效果的刺繡方法。

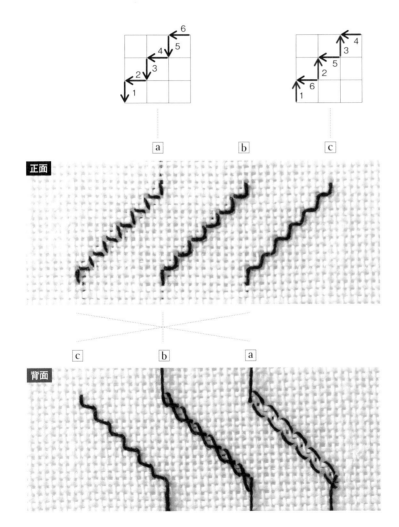

a   b   c

正面

背面

c   b   a

參考樣本是用25號繡線1股，在25ct的布上繡出來的針腳。

a：這是一般最常用的刺繡方法。角度是略呈銳角的尖銳印象。

b：在PATTERN K所使用的刺繡方法。角度是幾乎呈直角的工整印象。

c：以平針繡來回刺繡。角度是略呈鈍角的平緩印象。

L

see > P.8

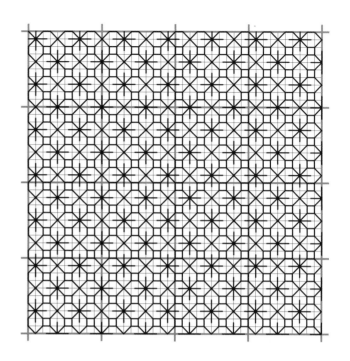

斜向來回（雙向）

像PATTERN K一樣，只有單向的斜向來回刺繡的情況，必須注意
布料的歪斜。而往右上和左上兩個方向來回刺繡的情況，則幾乎
用不著擔心歪斜。

即使是相同的花樣也有各式各樣的刺繡方法可以考慮。這個花樣
採用的是繡起來較為順暢且漂亮的斜向進行的方法，為了作為比
較，也另外附上了上下進行的方法。

1 由左下往右上進行

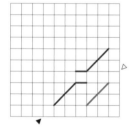 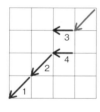

2 由右上往左下進行

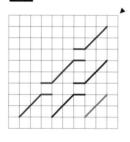

3 重複 **1**～**2**

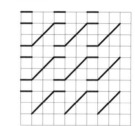

4 由左上往右下進行，
5～8是用3目繡出1針

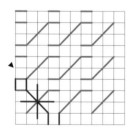 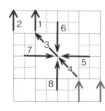

5 由右下往左上進行

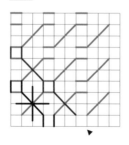 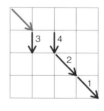

6 重複 **4**～**5**

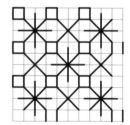

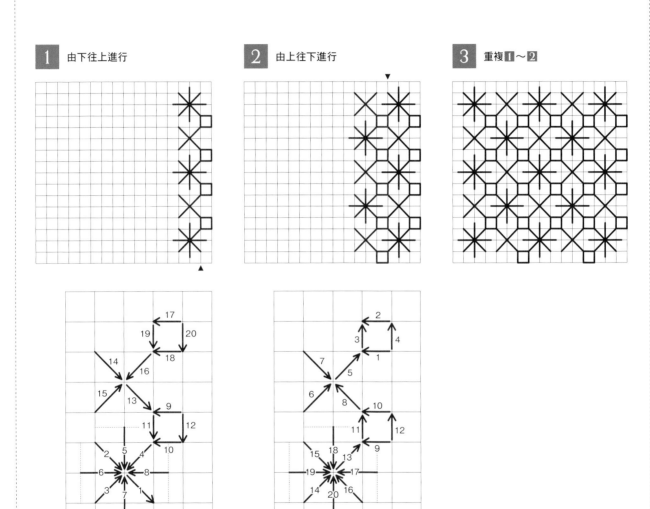

1 由下往上進行　　　　　　**2** 由上往下進行　　　　　　**3** 重複**1**～**2**

從斜線連接出去的四方形,要從前進而來的斜線的延長線上的轉角開始繡,在繼續前進的斜線的延長線上的轉角結束,才能繡出工整漂亮的四方形和斜線。(參照P.47 PATTERN I `more`)

飾邊

接下來要介紹的是可愛飾邊圖案的刺繡方法,以及刺繡時的思考方法。基本上來說,橫向排列的花樣是由右往左、縱向排列是由下往上來進行。需要改變進行方向的情況,只要把書或布換個方向來刺繡就行了。

※只有 d、e 是由左往右進行的刺繡方法。像這樣的非對稱花樣,建議最好是依照花樣的特徵來思考適合的進行方法。

---

attention

■ 圖紙參照 P.58

■ 和基本花樣不同,數字代表的是順序,箭頭顏色代表的是重點提示部分。

■ 以有助於聯想到前往下一個花樣的穿越方法來排列花樣,只是添加了起點位置。自行鑽研刺繡方法之際請當作筆記來活用。

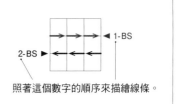

照著這個數字的順序來描繪線條。

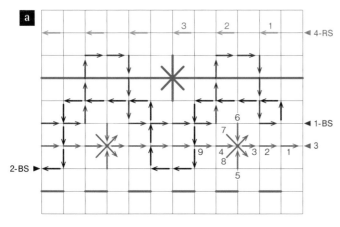

需要呈現筆直線條的 ◀3 的直線最好留到後面才繡。
◀4是RS。虛線用RS來繡的話會比BS更俐落。

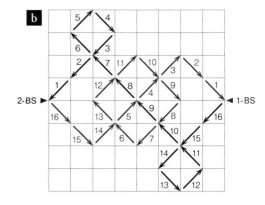

菱形圖案與其一個一個刺繡,不如把線條組合起來,繡起來會更加順暢也更能保持平衡。

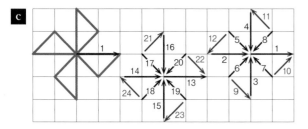

1~4要採取用4目繡出1針的方法才能繡出俐落的直線。基本上來說,為了讓形狀保持一致,進行方向理應要統一才對,但這個花樣是以在尖端做in來突顯銳角為優先考量,所以9~12是以向左旋轉,21~24是以向右旋轉的方式來刺繡。

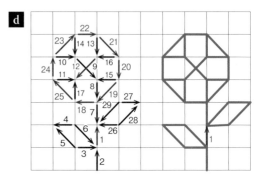

為了繡出圓圓的可愛花朵,所以把外圍的八角形留到最後用BS刺繡一圈。在葉子的尖端做in的話,稜角會更加分明。

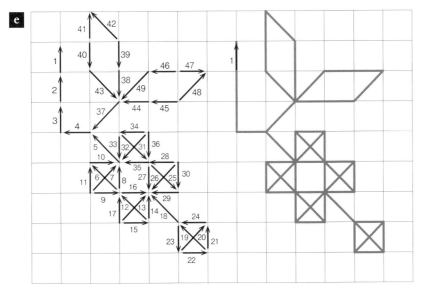

為了讓花朵圖案顯得又大又可愛，所以帶框十字的十字要先繡（參照P.31）。

十字先繡的情況下，四方形若是像21～24一樣用BS刺繡一圈的話，形狀會比較平衡而整齊，但花朵就得改變成內角為in的刺繡方法。在線集中的地方做in的話，除了容易繡之外，效果也更加俐落美觀。

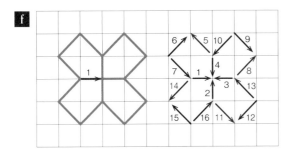

以略呈弓型的花瓣（5和7、8和10等等）來展現可愛氛圍的刺繡方法。若是介意中心的孔洞太醒目的話，不妨採用P.54 **c** 的1～4的刺繡方法。

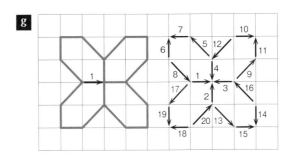

和 **f** 類似的刺繡方法。和P.57 **r** 的內側也很相似。

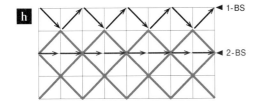

如◀1所示依序繡好4段的鋸齒線條之後，再用BS來繡◀2的部分。需要呈現筆直線條的直線（◀2）最好留到後面才繡。因為先繡的話很容易會被後來刺繡的線牽動而變得歪斜。

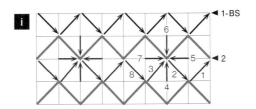

從上方開始依序繡出鋸齒線條，並在第3段（◀2）加入十字。在鋸齒線條上加入十字的時候，十字要後繡才不容易歪掉。

j

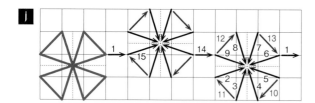

中心部分先繡，然後用RS在外圍繡一圈。像這樣最後在外圍
繡一圈的情況，用RS會比BS繡出來的角度更尖，即使是小
型圖案也能繡出清晰的輪廓。

k

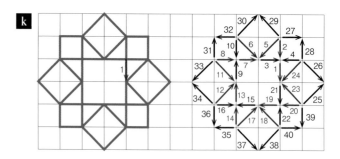

把內側和外側分開來刺繡的方法。雖然最後一針和下一個起點位置
是有距離的，但是在背面穿梭的渡線會變得較不明顯。這個花樣在
介紹雙面繡的刺繡方法時也會出現（參照P.71）。

l

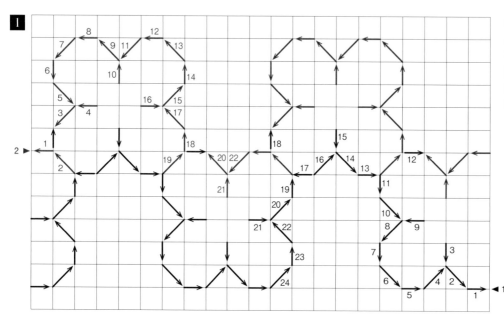

先依照◀1前進至左端的花樣為
止，接著再依照◀2返回。2個
花樣的線條重疊之處，為了防止
連接部分的圖形變形，並讓背面
渡線平均穿梭而下了工夫，所以
刺繡方法會稍微複雜一點。

m

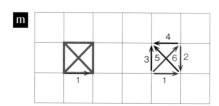

有稜有角、當中填黑的四方形的刺繡方
法。背面渡線呈斜向穿梭的話就不會太
明顯。

n

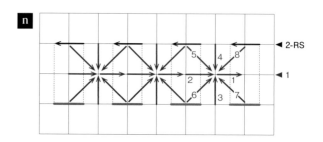

若先繡RS的話，◀1的刺繡位置會被RS覆蓋住而沒辦
法繡。中心的米和P.55 i 不同，斜線是在後方而不易
歪斜。

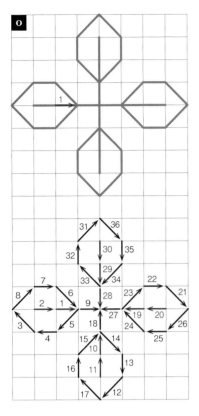

考量到和下一個花樣的連
接，最後一針在右上方的
話會比在中心來得方便，
所以27、28不照規則，
以便最後一針能落在右上
方。為了配合以中心為支
點向左旋轉的進行方式，
所以十字部分的刺繡方法
會稍微複雜一點。
像P.65一樣、斜向排列的
刺繡方法參照P.59。

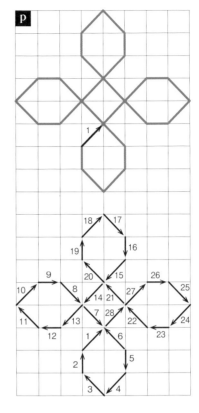

這是用BS沿著圖形單純
地繞一圈的最基本的刺繡
方法。起點位置可適當地
加以變更，以便順利和下
一個圖案連接起來。
像P.65一樣、斜向排列的
刺繡方法，以及重疊情況
的刺繡方法參照P.61。

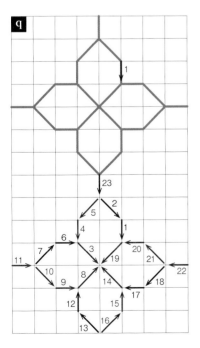

連接起來刺繡的情況，因
為考量到背面渡線的穿梭
方式，所以把上方的縱線
留到最後才繡。而只繡1
個圖案的情況及最初的縱
線，分別是在5之後、16
之後刺繡。把兩側的橫線
省略掉的情況，則是跳過
那個號碼繼續刺繡下去。
像P.64一樣、不靠上方的
縱線來連接的刺繡方法參
照P.59。

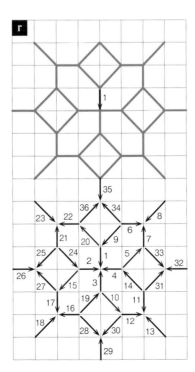

背面渡線要斜斜地穿梭才
不會太明顯，然而以縱線
連接的花樣卻是垂直穿梭
所繡出來的最後一針和下
一個起點的針腳比較筆直
漂亮。由於背面渡線的穿
梭距離短，即使垂直穿梭
也不明顯，因此把不易歪
斜當作優先考量，採取垂
直穿梭的刺繡方法。

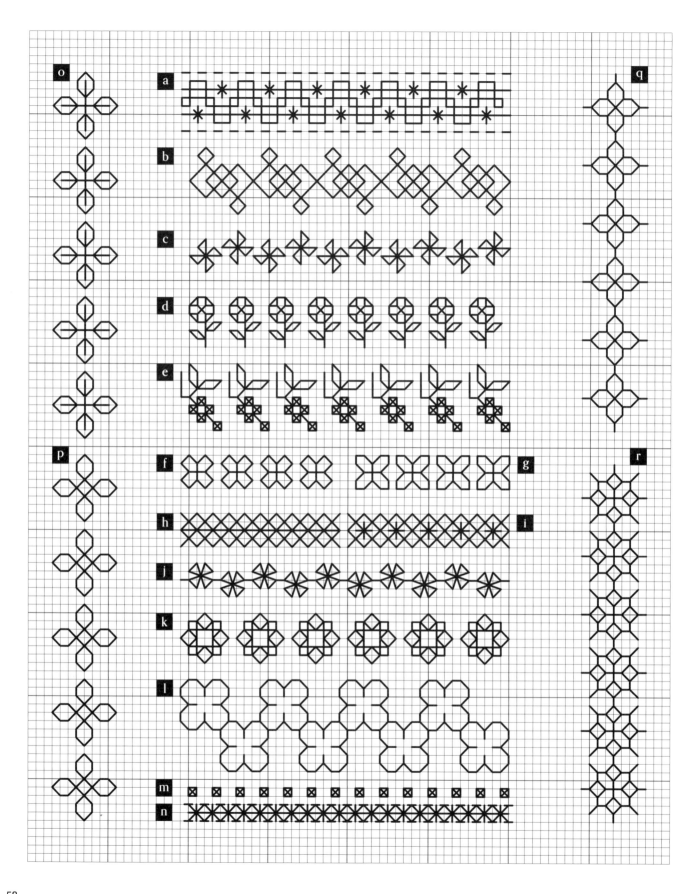

根據排列方式採取最佳的刺繡方法

基本上花樣是藉由不斷重複同樣的刺繡方法，來達成形狀一致的美麗成果。但是，有時也會因為排列方式而導致背面渡線太過明顯。這個時候，不妨試著旋轉花樣來錯開起點位置，或是變更一部分的刺繡方法。

■ **旋轉之後進行排列**（基本的刺繡方法參照P.57 **q**）

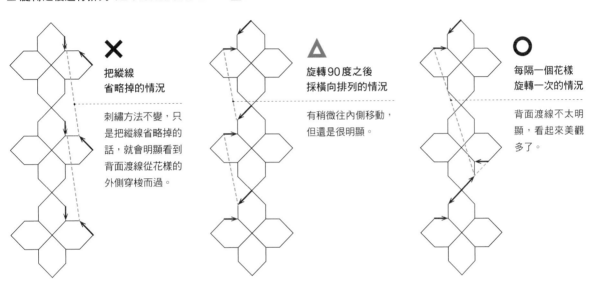

✕ 把縱線省略掉的情況

刺繡方法不變，只是把縱線省略掉的話，就會明顯看到背面渡線從花樣的外側穿梭而過。

△ 旋轉90度之後採橫向排列的情況

有稍微往內側移動，但還是很明顯。

○ 每隔一個花樣旋轉一次的情況

背面渡線不太明顯，看起來美觀多了。

■ **變更刺繡方法**（基本的刺繡方法參照P.57 **o**）

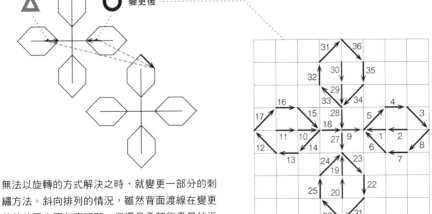

△　○ 變更後

無法以旋轉的方式解決之時，就變更一部分的刺繡方法。斜向排列的情況，雖然背面渡線在變更前的位置也不怎麼明顯，但還是希望能盡量拉近一點。

如果單純地向右旋轉的話，因為中心容易產生歪斜（參照P.28），所以要從右側開始以左、下、上的形式來進行。同時也為了避免線在中心難以順利進出，所以改變了9、27的方向。

花樣的重疊

一個一個的單獨花樣，基本上都是沿著圖形用BS來刺繡。為了圖形的整齊而改變規則的刺繡方法，以及更有效率地繡出並排花樣的方法等等，也列出了可供參考的範例。請參照這些範例來下工夫。

〔 把相同的形狀改變方向重疊起來 〕

→用回針繡刺繡一圈。
改變方向，→用回針繡刺繡一圈。

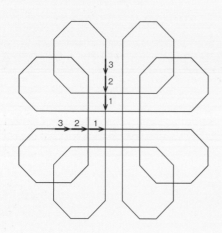

〔 旋轉45度 〕

把左邊的花樣旋轉45度之後的圖形，但是有些部分的針腳數目不同。

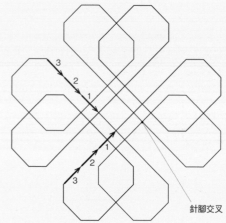

針腳交叉

〔 一個一個刺繡 〕

在轉角的前一針（7↘）改變方向的話，背面就不會有渡線，角度也更俐落。

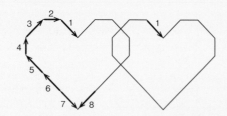

〔 兩個一起刺繡 〕

把橢圓形重疊起來刺繡的話就變成2個心形。

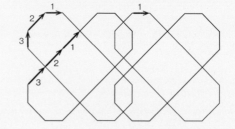

〔 把斜線和四方形連接起來 〕

四方形的第一針和最後一針要落在斜線的延長線上，繡出來的斜線和四方形才不會歪斜。

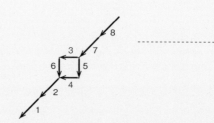

〔 空下1格進行排列 〕

上下來回刺繡，來到左上之後以左右來回的方式返回start
位置。

〔 連接 〕

參考空下1格進行排
列的情況，先繡好外
圍部分，然後再刺繡
中心部分。

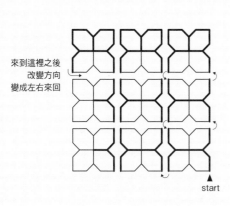

來到這裡之後
改變方向
變成左右來回

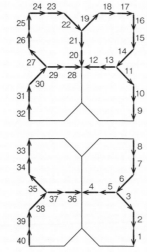

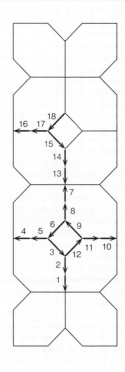

〔 斜向排列 〕

用回針繡來回刺繡，來到邊端之後繼續用回針繡
來回刺繡其餘部分，返回start位置。

〔 重疊 〕

適當地把start位置錯開，以便順利連接到
下一個花樣。

來到這裡之後
先改變方向
再來回刺繡

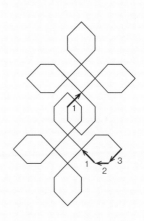

相同圖形的重疊 1（花樣的刺繡方法：P.60）

看起來好像很複雜，其實只是相同圖形的重複而已，非常簡單。只要改變重疊的位置就會變成各式各樣不同的圖形。和相鄰花樣的重疊部分為針腳交叉的情況，例如由右往左重疊等等，一定要先決定好重疊的順序再開始刺繡。

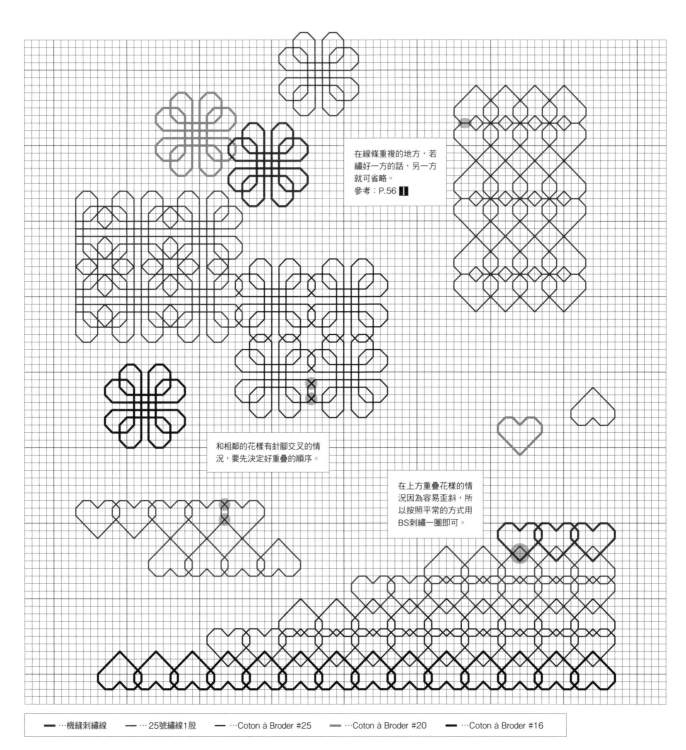

在線條重複的地方，若繡好一方的話，另一方就可省略。
參考：P.56

和相鄰的花樣有針腳交叉的情況，要先決定好重疊的順序。

在上方重疊花樣的情況因為容易歪斜，所以按照平常的方式用BS刺繡一圈即可。

| ── …機縫刺繡線 | ── …25號繡線1股 | ── …Coton à Broder #25 | ── …Coton à Broder #20 | ── …Coton à Broder #16 |

O

see > P.17

相同圖形的重疊2（花樣的刺繡方法：P.60）

使用粗細不同的繡線時，基本上要先用細線來繡。先用粗線來繡的話，由於背面渡線的細線會疊在粗線之上，
導致渡線容易浮起，而讓背面的體積變得膨大。

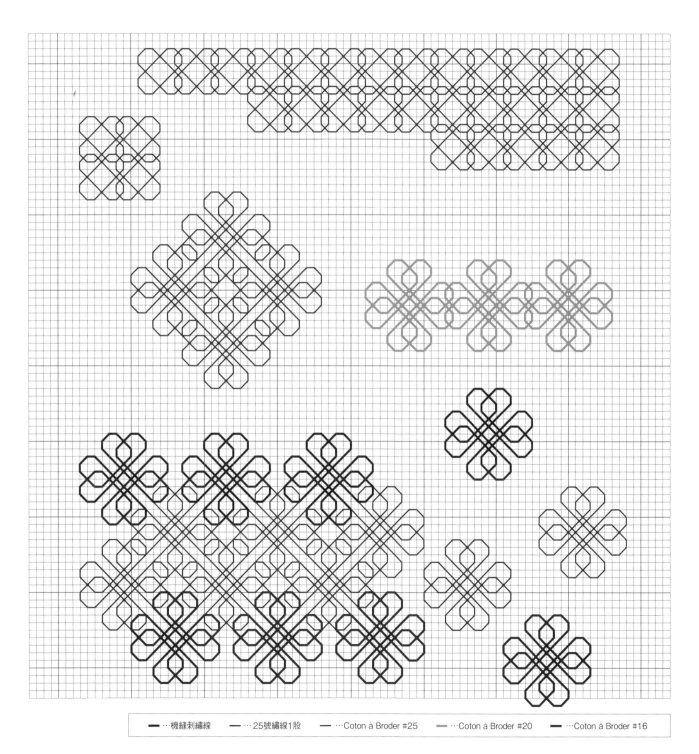

■ …機縫刺繡線　　— …25號繡線1股　　— …Coton à Broder #25　　— …Coton à Broder #20　　■ …Coton à Broder #16

不同圖形的重疊1（花樣的刺繡方法：P.45, 57, 59, 61）

一方的花樣的刺繡位置和其他花樣的線跡重疊之時，就必須注意刺繡的順序。在菱形當中加入四方形的情況，為了要呈現出四方形的轉角（穿刺位置）被菱形的線跡覆蓋住的狀態，若是先繡菱形的話，四方形就無法繡成了。所以一定要先繡四方形。

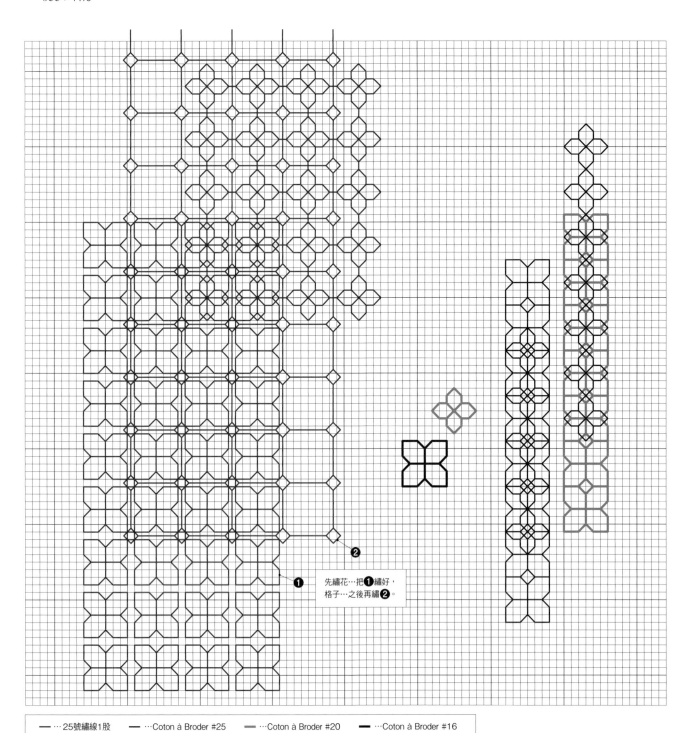

❷

❶ 先繡花…把❶繡好，
格子…之後再繡❷。

—…25號繡線1股　—…Coton à Broder #25　—…Coton à Broder #20　—…Coton à Broder #16 see > P.19

不同圖形的重疊2（花樣的刺繡方法：P.57, 59, 60, 61）

參考刺繡1個花樣時的運針方法，再配合設計來採取最佳的刺繡方法。不過，若是採取了和原本圖形差距很大的刺繡方法，有時可能會改變整體的印象，請多加留意。

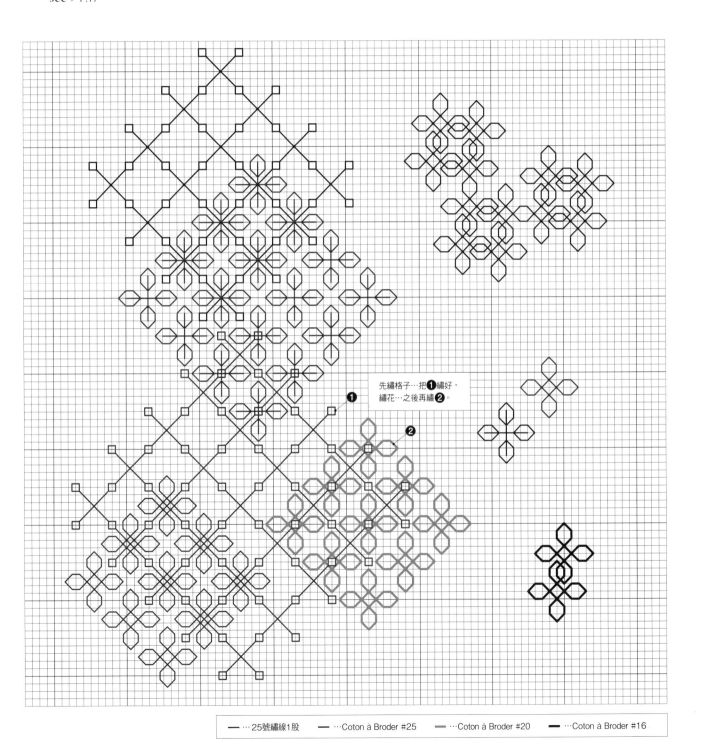

先繡格子…把❶繡好，繡花…之後再繡❷。

— …25號繡線1股　— …Coton à Broder #25　— …Coton à Broder #20　— …Coton à Broder #16

6個基本

反覆地做平針繡，讓線在布的正面和背面同樣地穿梭，並描繪出同樣圖案的「雙面繡」。再怎麼複雜的花樣都可以利用這裡介紹的思考方式來刺繡完成。

※這裡介紹的刺繡方法是作者構想出來的獨特方法，因此解說時使用的也是獨創用語（參照P.71）。

起針和收針

適用於正反兩面都俐落美觀、以平針繡來回刺繡的方法。

【 起針 】

在起點位置前面的1目（半格）把針穿入，開始刺繡。線端要預留8cm左右（圖1）。

【 接線 】

把舊線的線端，從最後的針腳後面的1目（半格）拉出。將新線穿入同一個織目中，留好線端之後開始刺繡（圖2）。刺繡完畢之後，將線端從穿出的織目拉到背面，以牢牢打結、無法解開的程度把線端纏繞在針腳上。起針的線端和收針的線端都以同樣的方法來處理。

※像圖2一樣在去路上接線而把線端留在正面的時候，做回路時會跨過這個織目上普通的針腳（如同圖1起點部分的狀態）。而在回路上接線的情況，線端要從去路正面針腳的側邊拉到正面，新線也要從側邊開始刺繡。拉出線端的位置因為不是針腳出入的織目，所以不會造成妨礙。

（圖1）

（圖2）

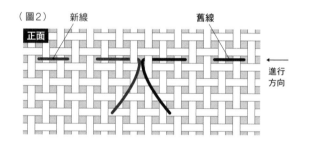

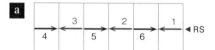

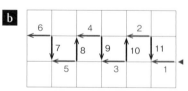

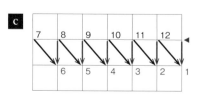

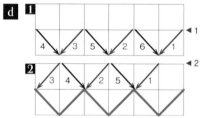

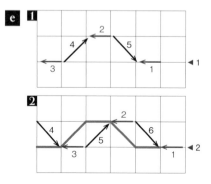

1. 描繪線條

以平針繡來回刺繡可以描繪出各式各樣不同的線條。還可以把線條組合起來做出簡單的圖形。d與e是為了抑制斜線的歪曲，所以採取在線集中的地方做in的方式先完成1的來回、把線端處理好，再重新刺繡第2段。

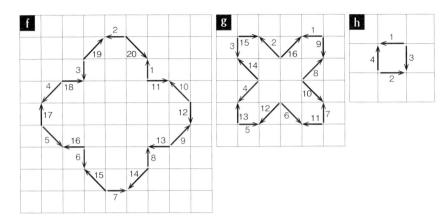

2. 描繪圖形

繞一圈來到盡頭之後，就折返回去。雖然三角形或五角形等的奇數圖形不必折返，直接繞2圈也能繡出表裡一致的圖形，但折返的方法還是比較妥當，不管什麼樣的圖形都能描繪出來。

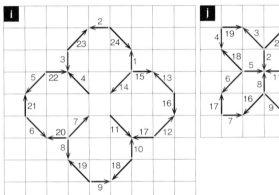

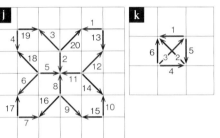

3. 在圖形上添加分枝

分枝基本上是在去路上添加比較容易了解，形狀也比較整齊。若是忘了添加的話，也可以在回路上做補救。花朵中心的十字或四方當中的交叉圖案也要當作分枝思考，每次都折返的話應該很容易了解才對。用這個方法來刺繡的話，交叉圖案的哪一道斜線要位在上方就能確實控制了。

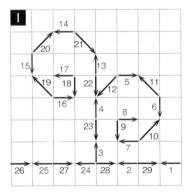

4. 在線條上添加分枝

先往哪一個分枝前進都無所謂，只要在回到分歧點時別把前進的方向搞錯就好了。

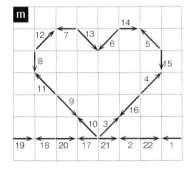

5. 在線條上添加圖形

來到直線和心形的分歧點時要先完成心形，然後再回到直線。盡可能地按圖形完成的方法，比起如一筆畫完似地一口氣繡到邊端再繞回來的方式更容易了解，應用範圍也更廣。

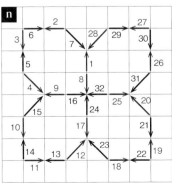

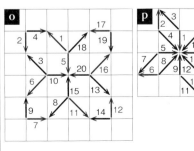

6. 以中心為支點來描繪

從中心的1個針腳之後開始繡，來做成中心為in的狀態。雖然一般是傾向於從中心開始繡，但是線集中的中心，若可以的話還是做成in的狀態才顯得俐落。

67

主路徑的思考方法1

只要把貫穿圖案的「主路徑」設定好，就算再複雜的圖案也能靠自己以雙面繡來完成。首先就以蘋果的圖形來學習主路徑的基本前進方法。

主路徑的規則

作為花樣主幹的1條路徑。從末端開始刺繡，來到前端之後折返回去。

在這途中，可藉由6個基本的描繪方法添加線條或圖形來完成花樣。

attention

▨▨▨ … 主路徑

▨▨▨ … 次路徑

■ 主路徑只有1條，必要時可增加次路徑。

■ 主路徑是單行道，直到在前端折返為止都不能逆向進行。因此，直到在前端折返為止要隨時保持為虛線狀。

■ 主路徑不能跳過。在刺繡從主路徑分歧出去的其他部分時，一旦碰到主路徑的話就得折返回去，一定要從同一個分歧點回到主路徑。

※ 次路徑是在某個區劃中用來扮演主路徑角色的途徑。藉由次路徑的設置，就算是再複雜的花樣也能毫不迷惑地刺繡完成。次路徑沒有數量的限制，除了數量之外，其餘的規則都和主路徑相同。

---

1. 刺繡1個蘋果… a

首先把主路徑決定好。

從起點位置開始刺繡，繞一圈之後就折返回去。枝梗在途中順便完成。首先請試著依照 a 的箭頭編號來刺繡。蘋果是很常見的圖形，或許不需要特別意識到主路徑就能憑直覺刺繡完成也說不定，但這就是主路徑前進方法的基本邏輯。

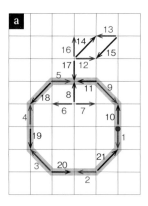

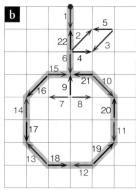

2. 複數的花樣… c

a 的主路徑在這裡變成了次路徑。從主路徑的start開始刺繡，在3↘來到分歧點之後進入次路徑，前往↑4。和 a 同樣地刺繡前進，完成第1個圖形在↓19來到分歧點之後回到主路徑，前往 20。以同樣方式把第2、第3個圖形……依序完成，回到★的位置之後，再從主路徑回到start。

※次路徑只有第1個會加上註記。可依照需求另加註記。

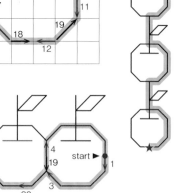

同樣的蘋果圖形，也可以試著用主路徑和 a、c 不同的 b、d 前進方法來刺繡看看。b、d 為了把蘋果縱向連接起來，所以將枝梗增加1個針腳的長度。

主路徑的思考方法2

充分了解主路徑的思考方法之後，任何花樣應該都能自由地刺繡出來才對。請隨心所欲加以變化，好好享受雙面繡的樂趣。

把P.68的基本進行方法，用有點錯綜複雜的帶框十字來確認一下吧（帶框十字的刺繡方法參照P.67 **k**）。

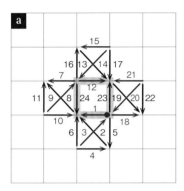

主路徑是中央的四方形。在↑6回到分歧點之後，利用背面針腳在主路徑上前進（↓24的背面），從←7開始以同樣方式刺繡帶框十字。在↓10碰到主路徑之後，改變方向前往↑11。重複上述流程，碰到start位置之後沿著主路徑折返回去就完成了。

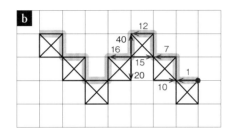

和 **a** 同樣前進到↑15為止。↑15的下一步因為要回到主路徑，所以是←16（小心別走到↓20或是↑40）。在刺繡第4個四方形時別漏掉↓20。不過，若是漏掉↓20的話，還可以在回路上做補救（在↑40之前繡好）。

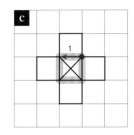

主路徑是和 **a** 一樣的四方形，但前進方向不一樣。

---

more

防止錯漏的Point（參照P.68 **a**）

主路徑在折返之前若不是虛線狀的話，就表示有哪個地方出了問題。只要牢牢記住這點的話，就能夠提早發現錯漏。

×的圖片是把 **a** 的←7誤繡成→7，導致主路徑上出現正面有2個針腳並排的情況。從背面看的話，圖形也和正面不同，背面是2個針腳重疊在一起。像←6、←7這樣必須在1個針腳改變方向的地方，常常容易忘了改變方向而用回針繡刺繡，一定要特別注意。

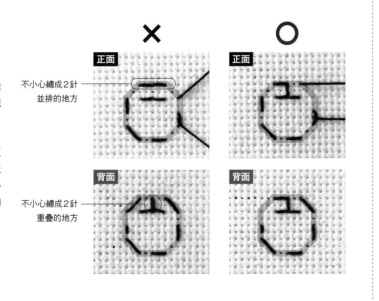

不小心繡成2針並排的地方

不小心繡成2針重疊的地方

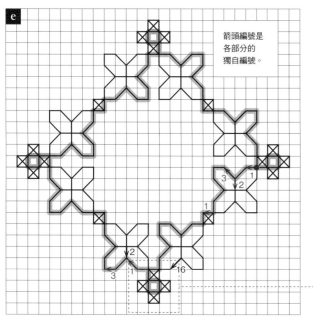

箭頭編號是
各部分的
獨自編號。

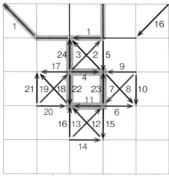

主路徑的規則稍微有點改變。次路徑只設定在4個帶框十字連接起來的部分而已。各部分的刺繡方法請參考P.67 **j** 和 **k**、P.69。

※接線的位置若是落在十字的周圍，線的收尾會比較不明顯，背面看起來也比較清爽。

※為了防止形狀不一，所以8朵花的外圍是以去路上的正面針腳位置要時常保持和P.67 **i** 相同為原則來設定主路徑。因此，第1、2、5、6朵是向左旋轉，第3、4、7、8朵是向右旋轉來刺繡前進。

主路徑是中心的菱形，並以次路徑分成4個區劃。各區劃是沿著次路徑刺繡前進。從主路徑出發前往第1個區劃的次路徑，繡好第1個區劃之後先回到主路徑再前往第2個區劃的次路徑。以同樣方式刺繡到第4個區劃為止，最後從主路徑折返回去。

※在第2、第3個區劃還得刺繡藤蔓。若是在第2個區劃忘了添加的話，可以在第3個區劃時做補救。藤蔓的刺繡方法參照P.67 **l**。

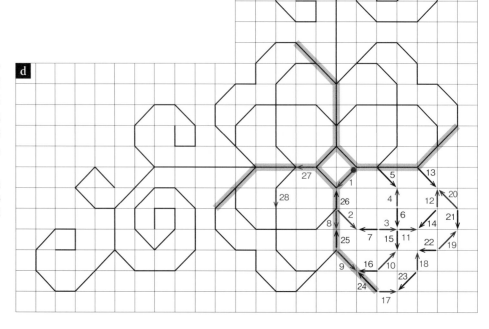

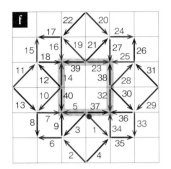

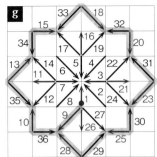

只是內側不同的相同圖形。也可以把2個種類組合連接起來。主路徑的設定，**f** 是在內側，**g** 是在外圍。無論哪個都要先繡好附加在主路徑末端的圖形（**f** 是菱形，**g** 是米字符號），然後再前進到主路徑開始繡。

※**g** 的米字符號可用來當作後續針腳的基準。

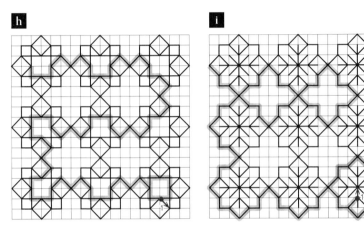

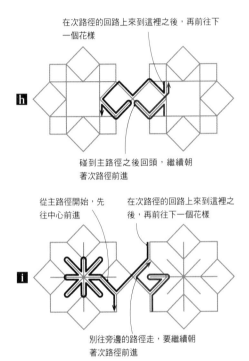

在次路徑的回路上來到這裡之後，再前往下一個花樣

h

碰到主路徑之後回頭，繼續朝著次路徑前進

從主路徑開始，先往中心前進

在次路徑的回路上來到這裡之後，再前往下一個花樣

i

別往旁邊的路徑走，要繼續朝著次路徑前進

在連接複數圖形的情況下，1個圖形時的主路徑將會變成次路徑。次路徑只有第1個會加上註記。可依照需求另加註記。從右下開始以第1、第2、第3的順序進行至左端為止，中段是由左往右，上段是由右往左進行。
連接部分的刺繡方法流程，也請參考P.25的右側圖片。從主路徑折返之前的狀態。

在雙面繡的解說中所使用的詞彙

主路徑	刺繡前進時，作為花樣整體主幹的途徑（詳細內容參照P.68主路徑的規則）。
次路徑	在某個區劃中用來扮演主路徑角色的途徑。複雜的圖案在增加次路徑的數量加以分割之後會比較容易了解。
去路	一開始的平針繡（只繡了正面或背面之其中一面的虛線狀態）。在刺繡方法圖上是依照粉紅色的箭頭編號前進。在去路上黑色箭頭的地方代表的是背面針腳（線在背面穿梭，正面是空白）的意思。
回路	在已經做過平針繡的地方回頭做平針繡（變成正反兩面都有渡線的狀態）。 在刺繡方法圖上是沿著黑色箭頭的編號前進。
分歧點	針腳的線條出現分枝的地點。
正面針腳	線在布的正面穿梭之後留下的線跡。
背面針腳	線在布的背面穿梭之後留下的線跡。
in	把針從布的正面穿入之後在背面拉出的動作，或是入針的那個位置。
out	把針從布的背面穿入之後在正面拉出的動作，或是出針的那個位置。

House
Silhouette Sampler

see > P.12

【作法】

1. 用25號繡線1股，把BORDER部分和各花樣刺繡成房屋形狀。被斜向裁切的花樣部分是用半格（1目）來刺繡。

2. 25號繡線4股部分是用BS來刺繡。

Point … 4股部分要把線的張力稍微放弱一點才能做出浮凸感。針要使用略細的24號針。若使用22號針會把織目撐開而無法展現立體感。用較粗的線刺繡轉角時，要在轉角的前一針改變運針方向才能繡出俐落的角度（參照P.60**一個一個刺繡**）。

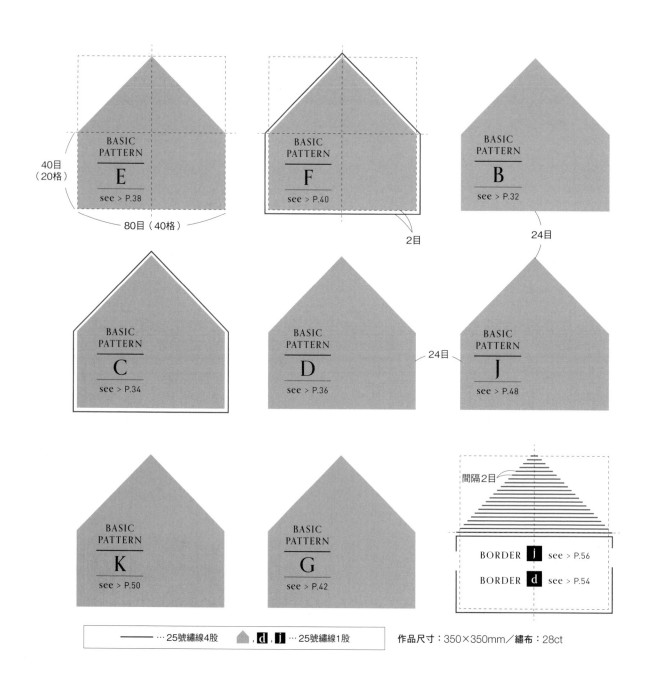

作品尺寸：350×350mm／繡布：28ct

Lily & Tulip
Silhouette Sampler

see > P.13

【作法】

1. 使用25號繡線1股來刺繡各花樣。被斜向裁切的部分是用半格（1目）來刺繡。

2. 用指定的Coton à Broder線以BS來刺繡其他部分。

Point … 粗線部分使用的是Coton à Broder線。和使用多股的25號繡線比起來，整體印象顯得更加清爽。

Lily
- BASIC PATTERN **B**
  see > P.32
- BASIC PATTERN **D**
  see > P.36
- BASIC PATTERN **H**
  see > P.44
- BASIC PATTERN **K**
  see > P.50

Tulip
- BASIC PATTERN **E**
  see > P.38
- BASIC PATTERN **C**
  see > P.34
- BASIC PATTERN **A**
  see > P.30
- BASIC PATTERN **G**
  see > P.42

─── … Coton à Broder #25
━━━ … Coton à Broder #20
━━━ … Coton à Broder #16
花樣 … 25號繡線1股

作品尺寸：275×160mm（百合）
　　　　　160×275mm（鬱金香）
繡布：28ct

Lily

Tulip

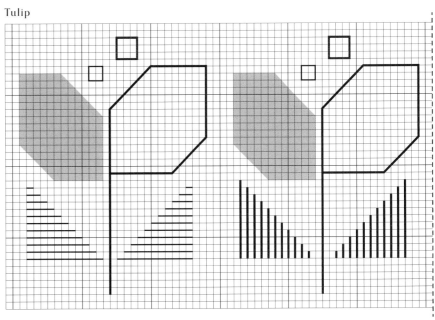

Cushions

see > P.14

【 作法 】

1.　重複地把各花樣刺繡成帶狀。

2.　用BS來刺繡圖紙2。

Point … BASIC PATTERN L（P.52）的變化。

　　　刺繡方法是依照PATTERN L做斜向來回。❹是在斜線的兩側每次加上針腳時做出×。四方形之中的十字是在❹〜❺加入。❸的十字是用6目繡出1個針腳。末端的帶框十字最好一開始先繡。

　　　使用到部分的BASIC PATTERN J（P.48）。

　　　刺繡方法是①：**1**〜**6**　②：**3**〜**6**　③：**1**〜**4**　④：**1**〜**2**。

　　　線是①②用Coton à Broder #25、③④用25號繡線1股。

〈 圖紙1 〉 ── …25號繡線1股　── …Coton à Broder #25

〈 圖紙2 〉 ── …Coton à Broder #16

作品尺寸：430×430mm／繡布：28ct

〈 配置圖 〉

※刺繡是延續到背面
　的設計。

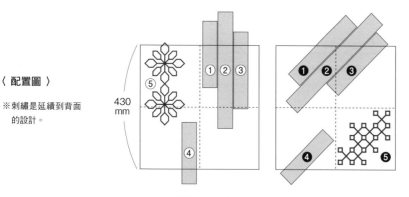

〈 圖紙2 〉

1格＝16目（1格繡出8個針腳）。
用8倍的大小來刺繡。
轉角的刺繡方法參照P.60**一個一個刺繡**。

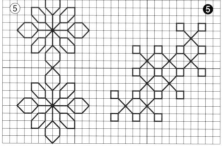

BASIC PATTERN J
see > P.48

BASIC PATTERN L
see > P.52

〈 圖紙1 〉

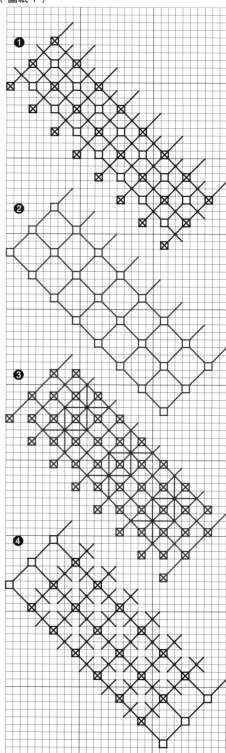

Cosmetic Pouch

see > P.11

【作法】

1. 在化妝包的前面和後面的中央用指定的線來刺繡。

2. 側面的刺繡部分是用Coton à Broder #20來刺繡圖紙的粉紅色花樣。

3. 縫好拉鍊之後，用Coton à Broder #20做平針繡。然後再縫製成化妝包。

Point … 使用到部分的BASIC PATTERN I（P.46）。

　　　　雖然書中介紹的是上下進行的方法，但這裡因為距離較長，所以採取橫向來回的方法會更有效率，也更加順暢。刺繡時只要把書或布轉個方向就行了。

　　　　化妝包側面的刺繡要依照布的寬度在適當的位置把花樣切斷。

〈 配置圖 〉

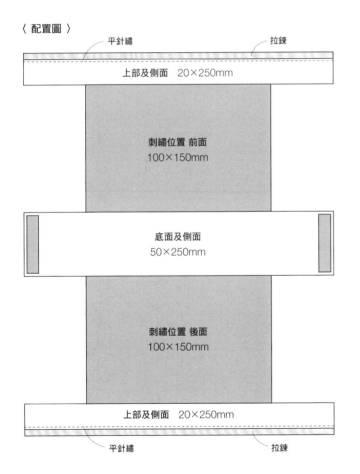

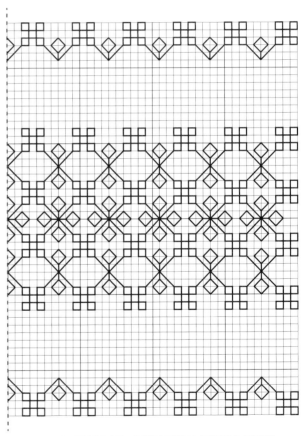

※上圖刊載的是圖紙的右半部。左半部也同樣以左右對稱的方式來刺繡。

—— …25號繡線1股　　　— …Coton à Broder #20

作品尺寸：100×150×50mm／繡布：28ct

Tote Bag

see > P.20

【 刺繡方法 】

1. 用25號繡線1股來刺繡中央的花樣。

2. 用Coton à Broder #20把上下的心形重疊刺繡上去。

Point …

參考P.60, 62

中央部分是8段心形的重疊。從邊端到邊端一段一段地刺繡，依序重疊起來。最下段和最上段是一個一個繡，2～7段是兩個一起繡，最後再把Coton à Broder #20的心形重疊上去。最上段和最下段的心形單純用BS來繡會比較好。Coton à Broder #20的心形因為線比較粗，之後也不會再疊上其他的花樣，所以採取在轉角的前一針改變運針方向的方法會比較好。

— … 25號繡線1股

— … Coton à Broder #20

作品尺寸：310×260×120mm

刺繡部分尺寸：310×65mm

繡布：28ct

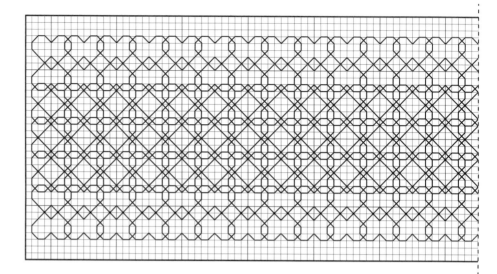

arrange 把由**花樣的重疊**構成的花樣所使用的相同尺寸圖紙準備好。和喜愛顏色的不織布一起搭配使用。

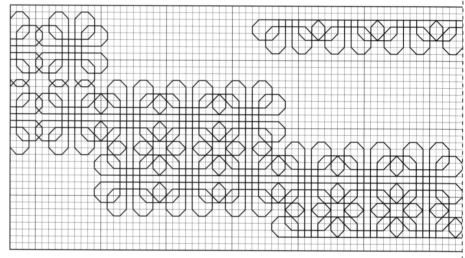

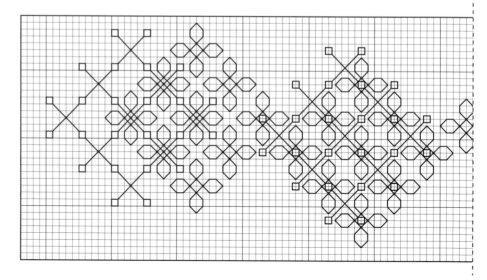

Tea Mats

see > P.21

【 刺繡方法 】

1. 以間隔4目的方式來排列花樣，
   把內側的段刺繡一圈。

2. 以同樣方式把第2段刺繡一圈
   （像是嵌入第1段之間一樣）。

3. 第3、4段也以同樣方式各刺繡
   一圈。

Point ⋯ 花樣重疊的情況，基本上
   是先繡細線部分。因此，
   這個作品是從內側開始繡
   起。全部都用相同的線來
   刺繡的情況，從外側開始
   繡起也無所謂。

   參考P.60, 63

━ ⋯	機縫刺繡線
━ ⋯	25號繡線1股
━ ⋯	Coton à Broder #25
━ ⋯	Coton à Broder #16

作品尺寸：250×360mm

繡布：25ct

※右圖是整體花樣的1/4，請將圖紙旋轉
　90度來加以配置。

【刺繡方法】

1. 把①的花樣全部繡好。

2. 把②的花樣依照下段、中段、上段的順序一圈一圈地刺繡完成（下段要重疊在①的花樣之上）。

3. 繼續把③的花樣重疊上去。

Point … 這個設計是由3種不同花樣重疊而成。如果先繡③的話，①就會沒辦法繡，所以要注意重疊的順序。

參考 P.45, 57, 61, 64

—	… 25號繡線1股
—	… 25號繡線1股
—	… Coton à Broder #25
—	… Coton à Broder #25
—	… Coton à Broder #16

作品尺寸：250×360mm

繡布：25ct

※右圖是整體花樣的1/4，請將圖紙旋轉90度來加以配置。

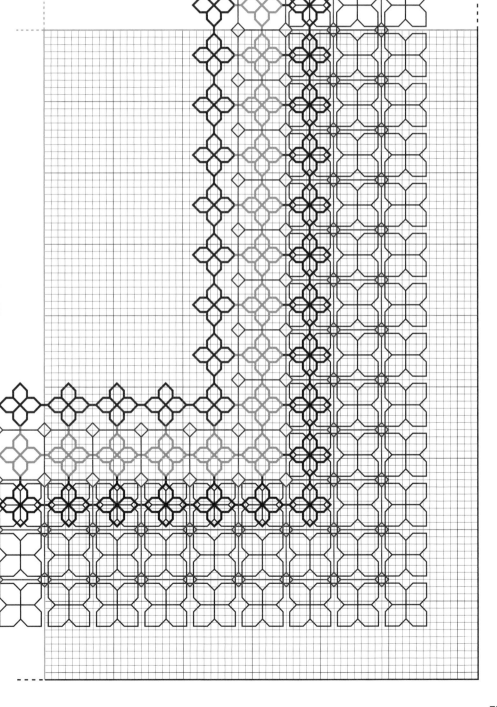

作者

mifu

於英國皇家刺繡學院（Royal School of Needlework）取得
文憑。在英國學習各種傳統刺繡的過程中迷上黑線刺繡，之
後開始鑽研黑線刺繡的運針方法和設計。擅長以「只要是一
連串的圖案，不管多麼複雜都能表裡一致地刺繡出來」的獨
門手法，搭配利用花樣的重疊做出新花樣的獨創手法來創造
出技術性作品。2017年在「MAGAZINELAND手藝＆工藝
展『贈禮』比賽」中獲得最優秀獎，因而促成了這次的書籍
發行。

http://stitchby-a.com

日文版工作人員

書籍設計／清水裕子（gris）

攝影／近藤伍壱（ROBINHOOD）

編輯協力／蒲生友子

造型／gris

編輯／手塚小百合（gris）

繡布提供

越前屋

〒104-0031 東京都中央区京橋1-1-6

tel.03-3281-4911

www.echizen-ya.co.jp

繡線提供

DMC株式會社

〒101-0035 東京都千代田区神田紺屋町13番地 山東ビル7F

tel.03-5296-7831

www.dmc.com（全球網站）

www.dmc-kk.com（網站型錄）

攝影協力

AWABEES

〒151-0051 東京都渋谷区千駄ヶ谷3-50-11 5F

tel.03-5786-1600

UTUWA

〒151-0051 東京都渋谷区千駄ヶ谷3-50-11 1F

tel.03-6447-0070

國家圖書館出版品預行編目資料

簡約幾何風 黑線刺繡圖案集 / mifu 著；
許倩珮譯. -- 初版 . -- 臺北市：臺灣
東販, 2020.01
80 面；21×25.7 公分
譯自：Black work
ISBN 978-986-511-218-9（平裝）

1. 刺繡 2. 手工藝 3. 圖案

426.2　　　　　　　108020687

簡約幾何風
黑線刺繡圖案集
2020年1月1日初版第一刷發行

作　　者　mifu
譯　　者　許倩珮
副 主 編　陳正芳
美術編輯　竇元玉
發 行 人　南部裕
發 行 所　台灣東販股份有限公司
　　　　　＜地址＞台北市南京東路4段130號2F-1
　　　　　＜電話＞(02)2577-8878
　　　　　＜傳真＞(02)2577-8896
　　　　　＜網址＞http://www.tohan.com.tw
郵撥帳號　1405049-4
法律顧問　蕭雄淋律師
總 經 銷　聯合發行股份有限公司
　　　　　＜電話＞(02)2917-8022

著作權所有，禁止翻印轉載。
購買本書者，如遇缺頁或裝訂錯誤，
請寄回更換（海外地區除外）。
Printed in Taiwan